通信工程与信号传输

范磊 王琪 田鹏◎著

北京工业大学出版社

图书在版编目（CIP）数据

通信工程与信号传输/范磊，王琪，田鹏著.—北京：北京工业大学出版社，2021.10重印
 ISBN 978-7-5639-6464-2

Ⅰ.①通… Ⅱ.①范… ②王… ③田… Ⅲ.①通信工程②信号传输 Ⅳ.①TN91

中国版本图书馆CIP数据核字（2018）第226730号

通信工程与信号传输

著　　者：范磊　王琪　田鹏
责任编辑：刘卫珍
封面设计：海星传媒
出版发行：北京工业大学出版社
　　　　　（北京市朝阳区平乐园100号　邮编：100124）
　　　　　010-67391722（传真）　bgdcbs@sina.com
经销单位：全国各地新华书店
承印单位：三河市元兴印务有限公司
开　　本：787毫米×960毫米　1/16
印　　张：15
字　　数：300千字
版　　次：2021年10月第1版
印　　次：2021年10月第2次印刷
标准书号：ISBN 978-7-5639-6464-2
定　　价：36.00元

前 言
PREFACE

近年来，通信技术突飞猛进，通信产业成为全世界发展速度最快的产业之一。在我国，受益于国家对政府与公共安全的重视，以及经济快速发展带来的大型活动增加，国内专网通信行业保持快速增长趋势。

《中国专网通信行业发展前景与投资预测分析报告》数据显示，随着"两化"（指信息化和工业化）融合的深入进行以及智慧城市的火热建设，自2009年以来我国专网通信行业市场规模逐年扩大，2012年我国专网通信行业市场规模约为59亿元，2018年增至上百亿元。专网通信产品是各国公共安全部门实现有效指挥调度的必备装备，一般要求大型组网和高性能产品，因此政府与公共安全市场是专网通信行业最大的细分市场。从我国专网通信行业下游的需求来看，政府与公共安全的需求规模位居第一，占比为43%，公共事业和工商业的占比分别为32.1%和24.9%。从地区发展情况来看，当前我国专网通信行业的地区发展不平衡，国内专网通信企业主要集中在福建泉州，深圳、北京、上海等城市的专网通信行业也有一定发展，其他地区专网通信企业相对较少。

鉴于专网通信行业分布呈现出的区域特征，投资决策要以区域特征为基础，实行区域特征非常明显的区域投资政策。除了上述具有传统优势的区域之外，还应该重点考虑中西部的重点城市如西安、成都等。这些地区有一个共同的特点就是可依托通信技术研发能力较强的高校促进本地专网通信行业发展，发展潜力非常好，并且区位优势相对明显。

目　录
CONTENTS

第 一 章

通 信 的 应 用

第一节 通信应用的概述

自改革开放以来，我国通信技术得到了较大的发展。可以说，通信技术的出现极大地方便了人们的生活，如今人们可以随时随地通过手机和电脑与远在他乡的亲友进行通信，也可以通过计算机召开视频会议，更可以利用网络通信工具来进行远程授课教育。目前，我国初步建立的国家信息通信基础网络已比较全面，固话用户与手机用户的数量都在不断攀升，几乎已经到了人人都有的地步，而互联网的不断发展更是提高了通信技术的性能。

一、通信技术简介

数据通信应用是计算机和数据终端设备通过数据通信网进行互联构成计算机通信系统，实现信息的远程采集、存储、处理、交换、分发和查询等功能。数据通信在军事、经济、社会生活等方面得到广泛的应用，诸如交通管制、预约订票、金融业务、电子购物、产销合同、信息查询等方面都离不开数据通信。数据通信的应用主要包括电子信箱、远程信息处理、电子数据互换（EDI）、目录查询和其他增值业务（VAS）等。

为了扩大数据通信的应用范围和各种计算机和终端的联网互通，国际电报电话咨询委员会（CCITT）和国际标准化组织（ISO）制定了开放系统互联（OSI）参考模型，为数据通信的应用和发展奠定了基础。国际电报电话咨询委员会针对公用电话网和公用数据网上的技术要求制定了 V 系列建议和 X 系列建议。新一代的电子信箱是属于消息处理系统（MHS）的应用之一，是满足社会信息需求的一种新业务。它基于 CCITTX. 400 系列建议，用计算机内存储器和磁盘作信箱，人们可以通过公用数据网和其他通信手段在任何地方、任何时间发送和接收电子邮件。消息处理系统的推广应用，为电子数据互换和目录查询提供了通信平台。

数据通信还为各种增值网（VAN）业务的发展提供了物质条件，例如为用户提供各种专用非话业务网、虚拟专用网（VPN）等，也为综合业务数字网（ISDN）的发展创造了条件。当今时代是一个科技发展迅速的时代，随着计算机网络技术、信息技术及通信技术等的不断发展，我国俨然已经步入了一个网络通信的新时代。何谓网络通信技术？简单来说，其指的就是利用计算机以及网络通信设备等来采集、存储、处理和传输各种信息资料的技术。网络通信技术的应用目的是让人们得以最大化地共享各类信息资源。纵观我国当前对网络通信技术的应用，可以将其主要分解为通信介质、通信模块及数据通信这三个方面。

①通信介质，即网络通信所使用的媒介，可以将其理解为信息传输的载体，而其又可以分为有线介质（双绞线、光缆及同轴电缆等）和无线介质（红外线、微波及卫星通信等）两类，在一定程度上而言，通信介质对网络信息传输的质量有着不容忽视的影响，如果通信介质的特性较差，则网络信息传输的质量也会较差。

②通信模块，其作用是将音频、视频及数据等信息进行有机结合，因此它需要将用户迁移至一个全融合园区网络，目的是从整体上提高通信质量、降低通信成本及为新应用环境提供可能。

③数据通信，即对两个通信实体的数据进行传输和交换，传输数据所形成的数字信号在传递过来以后，会先进行一定的处理，然后再以信道进行传输，这一过程需要进行信道编码和匹配，从而提高传输效率和信道的可靠性。

二、通信技术在现实中的应用

（一）网络通信技术在电力线路中的应用

电力线通信（PLC）是一种利用传输电流的电力线作为通信载体的通信技术，电力线的性能非常强大，同时使用便捷。在发送信息数据之时，其可以利用规定范围的频带传输信号并通过多载波正交频分复用技术（OFDM）或高斯最小频移键控（GMSK）调制技术来调制信号数据，然后再完成对信号数据的传输；反之，在接收数据之时，其可以先滤出调制信号，然后再还原成原本的通信信号，从而完成对信号数据的接收。需要注意的是，在通信过程中，信号数据首先需要进入到调制解调器中接受调制，然后再要通过电路线传输至局端设备当中，并再次经过一次调节，最后才能够传输到指定的外部互联网设备。就我国当前的情况而言，使用最广泛的一种电力线通信技术是调制和传输效率都非常高的多载波正交频分复用技术，这种技术的特点是可以把高速串行的信号数据转换成为多路低速的信号数据，然后分别对其进行调制，最后再重新合并到一起进行传输。

多载波正交频分复用技术之所以非常适合电力线通信，主要原因是其具有很强的抗脉冲干扰能力和多径效应能力，并且多载波正交频分复用技术还可以通过快速傅里叶变换算法而实现。在人们的日常生活中，家庭联网非常普遍和简单，只需要在室内通过电力网桥将 ISP 以太网信号输入到电线中，然后再插上猫便可实现。但是，如果是在酒店或学生公寓则需要采用组网的方式。由于酒店和学生公寓的每层楼的面积都较大，所以每层楼都需要安装一个适配器和桥接器，这样才能够保证每间房间内都能接收到信号，而当客人或学生获得相应的账号和密码后，就能够使用互联网通信，这样既可以有效防止滥用网络资源，又可以大大节省费用。总体来说，电力线通信具有安装简单、成本低廉、覆盖面积大及使用方便快捷等优势，尤其适合人口众多的我国。目前，我国在现代电力线技术方面正处于不断完善之中，其中存在的一些问题正逐渐得到解决，而未来电力线通信的发展前景更是非常乐观的。

（二）网络通信技术在IP电话中的应用

IP电话属于网络通信技术的一种，它是互联网的附属产物，其实现离不开互联网。IP电话简单来说就是按照国际互联网协议规定的网络技术内容而开通的一种电话业务。目前在人们的现实生活中，IP电话已经有了一部分的应用，并且其普及速度正不断加快。对人们来说，IP电话最大的优点是通话费用比较低廉。正是通过这点，IP电话才吸引了很多用户。可以想见，未来IP电话的市场发展空间是非常大的，并且它还会对传统的电话业务造成较大的冲击。如果使用IP电话进行民用通信，要远比传统电话通信便宜，这无疑大大降低了人们的通信成本。一般而言，IP电话是通过电话、网关及网络管理者这三个部分共同组织的。

①电话，即普通的电话终端，并没有什么特别之处，获取也非常简单。

②网关，即互联网、电话网及一线通网等之间的接口设备，其主要作用是对语音信号进行压缩、寻址及呼叫控制。

③网络管理者，主要负责对IP通信进行管理和维护，并且还要负责对IP用户进行管理和记录。

（三）通信技术在航海导航中的应用

近几年来，我国的航海技术得到了非常大的发展，其突出表现是各类战舰船舶上的设备都得到了技术创新。导航仪是战舰船舶的关键性设备之一，其作用是为船员提供精准的位置信息，并且要与其他设备仪器等进行精确结合。将网络通信技术应用在航海导航之中，能够大大提升航海作战流程效率。传统的战舰船舶导航系统都是通过串行口的方式来传输交换内部信息数据的，该通信方式虽然具有一些优点，如连接形式简单和信息数据传输可靠等，但是由于串行是逐步进行传输的，所以其中存在的缺点非常突出，传输速度较慢；而随着现代战舰船舶信息化程度的不断提高及各种设备系统之间的信息交流需求不断提升，传统的串行口通信方式已渐渐无法满足现代战舰船舶导航系统的发展需要。为了解决这一问题，人们开发出了CAN总线技术，该技术汲取了传统技术的经验，采用了创新的设计方案，具有传输距离长、传输速度快、利用率高及成本低等优点，非常适合现代战舰船舶的航海导航需求。

三、移动通信

（一）移动通信的概述

现代社会是信息的社会，而信息的传输需要进行大量的通信。由于人们对通信的要求越来越高，任何时间、任何地点、向任何个人提供快速可靠的通信服务已成为未来通信的目标。要实现这个目标，移动通信起到了非常重要的作用。所谓移动通信，是指移动体之间或移动体与固定体之间的通信，即通信中至少有一方可移动。常见的移动通信系统有无线寻呼、无绳电话、对讲机、集群系统、蜂窝移动电话（包括模拟移动电话、GSM 数字移动电话等）、卫星移动电话等。移动通信经历了近一百年的发展，特别是近十年来，其发展速度惊人。移动通信从最初的单电台对讲方式发展到现在的系统和网络方式；从小容量到大容量；从模拟方式到数字方式。可以说，现代的通信是当代电子技术、计算机技术、无线通信、有线通信和网络技术的产物。

（二）移动通信的特点

移动通信与固定物体之间的通信比较起来，具有一系列特点，主要是移动性，就是要保持物体在移动状态中的通信，因而它必须是无线通信，或无线通信与有线通信的结合。电波传播条件复杂。因移动体可能在各种环境中运动，电磁波在传播时会产生反射、折射、绕射、多普勒效应等现象，产生多径干扰、信号传播延迟和展宽等效应。噪声和干扰严重，如在城市环境中的汽车火花噪声、各种工业噪声，移动用户之间的互调干扰、邻道干扰、同频干扰等，如系统和网络结构复杂。运动通信系统是一个多用户通信系统和网络，必须使用户之间互不干扰，能协调一致地工作。此外，移动通信系统还应与市话网、卫星通信网、数据网等互联，整个网络结构是很复杂的。要求频带利用率高、设备性能好。

1.通信技术

随着时代的进步和经济的发展，传统的通信模式已经不能满足现代人们的生产和生活需要，因此通信技术也在不断发展。进入 21 世纪以来，通信业务和通信工具的种类更加多样，人们具有了更大的选择面。现代通信技术应运而生，其结合了现代科技，以计算机技术为基础，能够实现更加安全、快速、方便和准确的传递信息。当前移动无线通信、多媒体技术、数字电视、IP 电话、程控电话和可视图文电话等技术都得到了广泛的应用，使人们的通信和联系更加便利。

2.计算机技术

计算机技术在当今时代发展得非常迅速，其具有很强的专业性，包括计算机组装技术、计算机器件技术、计算机系统技术等。其中最重要的计算机技术就是计算机的维护技术、计算机的应用技术和计算机的管理技术，其与计算机系统运行有着直接的关系。计算机技术具有较快的更新速度，计算机技术的构成包括计算机硬件和计算机软件。计算机硬件主要有输出设备、输入设备、运算器、存储器和控制器，计算机 CPU 的控制中心就是控制器，能够控制计算机的正常运行；计算机的存储器包括内部存储器和外部存储器；计算机的运算器决定了计算机能够进行准确的工程技术数据计算。计算机的软件包括运行程序文档和系统运行程序，能够实现计算机用户与计算机的交流。

3.当前现代通信技术与计算机技术的融合

在未来的科技发展中，现代通信技术与计算机技术的融合是一个重要的发展趋势。通信技术会受到计算机技术发展的影响，而通信技术的成熟推动二者不断融合，相辅相成。在现代通信技术与计算机技术融合的过程中产生了很多新的技术，为人们的生产和生活带来了更大的影响，其中比较典型的有蓝牙技术、计算机通信技术和信息技术。特别是第三代无线通信技术的发展，计算机在通信发展领域中扮演着非常重要的角色，也是在移动基站、程控设备的开发过程中广泛地用到计算机技术。例如，利用 3G 手机就可以进行数据传输和声音处理，并且在世界范围内快速地接收和发送图像信息和音频文件。由于计算机技术的支持，人们可以通过 3G 实现网络连接，从而享受无线网络、网上购物、视频观看等服务。

（1）信息技术

信息技术是科技发展的关键，现代信息技术非常复杂，具有比较广泛的涉及面，应用范围也在不断扩大。计算机技术的核心技术就是信息技术，计算机可以对搜集来的信息资源进行整合和加工。信息技术能够实现信息的存储、收集、开发、传递和处理，有效地推动社会的发展。信息技术是计算机技术和通信技术融合的产物，其神经元是计算机，而神经系统是光纤网、通信卫星和程控交换机组成的通信网络。

（2）计算机通信技术

现代通信技术与计算机技术融合产生的计算机通信技术，指的是多媒体通信技术和通信网络技术。数据是计算机通信技术的主要研究对象。二进制是通信技术中数据的主要表达方式，例如音乐、语音、电子表格、数据库文件、文本文件的表示形式都是二进制。对这些数据进行转换之后，可以使用计算机来进行通信。对于近距离的数据通信，只需连接并行口或者终端设备的串行口。然而对于远距离的数据通信就需要使用到计算机网络系统。通过卫星信道、分组数据交换网、电话线能够实现远距离的数据通信。计算机用户可以通过多样化的通信手段来实现高效的资源共享，并且发挥单个计算机最大的作用。计算机技术和现代通信技术的融合能够有效地提高数据通信的准确性和快捷性。

（3）蓝牙技术

蓝牙技术是一种适用于短距离的无线连接技术，能够在十米内实现单点对多点的声音和数据的无线传输，并能够达到 1M 的传输宽带。蓝牙通信协议栈和蓝牙专用 IC 是比较常用的蓝牙技术，在笔记本电脑和手机中得到了广泛的应用。蓝牙技术可以使人们能够更加简洁和高效地进行数据传输。

（4）数据库

以计算机通信技术为基础，可以将分布式数据库系统建立起来，其具有结构灵活、丰富的特点，能够对多项管理内容进行整合，建立一个条理清晰、具有统一规则的数据库平台，使数据库管理得到有效的提高。与此同时，还能够创造协作办公的条件，当前的飞机票全国预订、火车票的网络联网售票、电话售票和站点售票都是利用了该技术。

目前，全球范围内模拟移动通信已经基本退出历史舞台，占据移动通信市场 98% 以上的为第三代移动通信（3G）网络，第四代移动通信（4G）则已经步入规模商用阶段。第三次科技革命以来，信息技术发展得非常迅速，通信技术和计算机技术都得到了长足的发展，对人们的生产、生活、娱乐都产生了极其深远和广泛的影响。随着经济全球化的步伐，计算机技术和通信技术也出现了融合的趋势。计算机技术与通信技术的融合有利于实现二者的进一步发展，从而推动社会的发展和进步。

由于需要接入多种系统，4G 移动终端形式也更加多样化。为了个人更好地接入网络，4G 移动终端可以为用户提供个性化的服务，并且支持安全保障、视频通话等功能。为了达成这一目的，4G 移动终端需要适应较高的速率和宽带需求，并且具有物联网功能。但随着用户数量的逐渐增多，目前的 4G 移动终端与用户的关系变得更加紧密，而在这种情况下，需要移动终端的存储计算能力得到不断提升，并且需要面对更多的可执行的恶意程序。所以，面对破坏力更大的恶意程序，移动终端的抵抗力将变得越来越弱。因此就现阶段而言，4G 移动终端上的安全隐患越来越多，通信接口防护不严、手机病毒攻击和操作系统漏洞等问题都可能影响无线网络的安全通信。

在实际应用的过程中，基于 4G 通信技术的无线网络是一个全 IP 网络，需要接入 2G、3G、蓝牙、WLAN 系统、无线系统、广播电视和有线系统等多个通信系统，而在此基础上，还需要实现各个通信系统之间的网络互联。但是，目前的互联网络、4G 系统和无线网络的发展都过于迅速，继而使无线或有线链路上的安全问题得以显现出来：首先，网络链路的数据被窃听、修改、删除和插入的行为更加密集，继而使网络的安全性遭到了考验；其次，目前链路的容错性不高，容易因无线网络结构不同而造成数据传输错误。再者，运营商借由服务网络扣取用户接入费用的现象屡屡发生，但网络链路还无法发现这种诈骗行为；最后，4G 无线终端会在各个子网中移动，而网络链路必须要经过路由器或网关才能实现网络互通。因此，在用户数量不断增多的情况下，网络链路的负担将更重，继而难以实现网络的安全连接。

网络实体认证的安全问题在网络实体认证方面，无线网络和有线网络都没有给予足够的重视。在这种情况下，网络犯罪的实施将更加容易，并将引发一系列的法律纠纷问题。所以，人们需要了解网络实体认证的重要性，并将这种认证落实下去。但就目前来看，4G网络实体的认证将受到一些因素的影响，所以无法得到落实。首先，国内的互联网用户数量较多，所以网络实体认证是较为复杂的工程，难以在短时间内实现。其次，国内互联网的发展尚不够成熟，相关的技术也无法满足互联网的发展需求，继而给网络实体认证带来了一定的困难。此外，目前国内的无线网络类型过多，网络模式无法固定，因此无法随时实现网络实体认证，而在网络实体认证无法落实的情况下，网络实体上将出现较多的安全问题，继而影响4G通信网络的安全使用。具体来讲，就是在进入网络时，攻击者可以伪装成合法用户进行网络攻击，而无线网络的信道接入数量和带宽有限，所以这样的攻击有很大概率可以成功进行网络安全的威胁。同时，也有一些攻击者可以利用空中接口非法跟踪网络用户，继而完成用户信息的盗取或破坏。另外，一些用户对4G网络为其提供的服务和资源采取了不承认的态度，而这样的行为同样会影响网络的通信安全。

想要为4G移动终端提供一定的安全防护，就要做好系统的硬件防护。首先，需要进行4G网络操作系统的加固。具体来讲，就是使用可靠的操作系统，以便使系统可以为混合式访问控制功能、远程验证功能和域隔离控制功能的实现提供支持。其次，需要使系统物理硬件的集成度得到提升，以便使可能遭受攻击的物理接口的数量得以减少。与此同时，需要采取增设电压检测电路、电流检测电路等防护手段，以便进行物理攻击的防护。此外，也可以采取存储保护、完整性检验和可信启动等保护措施。

为了解决4G网络的安全通信问题，首先，要建立无线网络的安全体系机制。具体来讲，就是在考虑系统可扩展性、安全效率、兼容性和用户可移动性等多种因素的基础上，采取相应的安全防护措施。一方面，在不同的场景进行网络通信的使用时，就可以通过制定多策略机制采取不同的安全防护措施，比如在进行无线网络登录时，就需要通过验证才能接入网络。另一方面，可以通过建立可配置机制完成移动终端的安全防护选项的配置，具体来讲，就是合法用户可以根据自身需求选择移动终端的安全防护选项。其次，可以通过建立可协商机制为移动终端和无线网络提供自行协商安全协议的机会，继而使网络的连接更加顺利。此外，在结合多种安全机制的条件下，可以建立混合策略机制确保网络的通信安全，比如，可以利用私钥使网络通信系统的切换更加及时，并利用公钥确保系统的可拓展性，继而使私钥和公钥的作用较好地结合起来。

在入网方面，需要采取一定的入网安全措施，继而确保无线网络的通信安全。首先，在通信传输的过程中，需要在移动终端和无线接入网上进行传输通道的加密设置，而根据无线网络系统的业务需求，则可以在无线接入网和用户侧进行通信方式的自主设置。此外，也可以通过专用网络实现物理隔离或逻辑隔离，继而确保数据的安全传输。其次，在无线网络接入的过程中，需要完成辅助安全设备的设置，并采取有针对的安全措施，从而避免非可信的移动终端的接入。在移动终端和无线接入网之间，需要建立双向身份认证机制，在此基础上，则可以通过数字认证确保移动终端的安全接入，或者利用高可靠性载体进行移动终端的接入。再次，面对移动终端的访问行为，需要采用物理地址过滤和端口访问控制等技术进行无线接入网的访问控制。结合无线接入设备的实际运行情况，可以进行统一的审计和监控系统的构建，在此基础上，则可以进行移动终端异常操作和行为规律的监控和记录，继而使无线接入网的可靠性和高效性得到保障。最后，在无线接入网上，还要利用安全数据过滤手段进行视频、多媒体等领域的数据的过滤。这样一来，不仅可以防止黑客的攻击，还能够在一定程度上防止非法数据进行接入网的占用，继而使核心网络和内部系统得到更多的保护。

4G 移动通信技术的应用给人们的日常生活带来了更多的便利。但在应用基于 4G 通信技术的无线网络时，除了享受网络给人带来的丰富的体验，人们也需要认识到一系列网络通信安全隐患的存在。因此，相关研究者应该加快对基于 4G 通信技术的无线网络的安全通信问题的研究，以便在为人们提供便捷的通信的同时，也给人们的通信安全提供一定的保证。

第二节　通信应用的实例

在社会信息化的进程中，信息已成为社会发展的重要资源，人与人之间、人与机器之间、机器与机器之间需要进行信息交换，信息交换过程就是通信的应用过程。20 世纪 90 年代以来，有两种技术得到了广泛应用，那就是互联网和移动电话。互联网通常需要与固定的有线网相连，无法满足人们在移动中获取信息的需要，移动电话的发展打破了通信与地点之间的固定连接。作为一个拥有世界上最多用户的市场，中国的手机市场注定要成为一个激情碰撞的舞台。

一、WAP 技术简介

随着移动通信技术以及互联网技术的发展，WAP（Wireless Application Protocol）技术已经成为移动终端访问无线服务的主要标准。WAP 是一种全球性开放的无线应用协议，该协议设计目标是基于互联网中广泛应用的标准（如 HTTP、TCP/IP、SSL、XML），提供一个对空中接口和无线设备独立的无线互联网全面解决方案，同时支持未来的开放标准。独立于空中接口是指 WAP 应用能够运行于各种无线承载网络之上，如 GSM、GPRS、CDMA 等，而不必考虑它们的差异，从而最大限度地兼容现有的及未来的移动通信系统；独立于无线设备是指 WAP 应用能够运行于从手机到功能强大的 PDA 等多种无线设备之上。

WAP 把互联网 HTML 语言的信息转换成用 WML 描述的信息，事实上 WAP 就是无线网络和互联网网络相结合的产物，它的应用模型是移动客户端通过 WAP 网关访问内容服务器上的 WAP 应用，并使用一个内置的微浏览器来解释执行。WAP 协议定义了一种移动通信终端连接因特网的标准方式，将互联网协议引入 WAP 环境，采用了与有线互联网兼容的语言，将互联网的丰富信息及先进的业务引入到移动电话等无线终端之中，因此获得了更为广泛的支持和更多的应用。WAP 最主要的局限在于应用产品所依赖的无线通信线路的宽带。另外，WAP 的实现需要来自各方的共同协作，如移动终端设备制造商、经营移动通信业务的电信运营商、应用软件开发商以及有线电话网络的经营者等。

二、无线承载方式

目前支持 WAP 应用的无线承载技术有 GSM、GPRS、CDMA 等。这三种移动通信体制具有一定的共性，也具有通信体制的差异性，尤其是在空中接口方面的差异。

（一）GSM数字移动通信

GSM 数字移动通信系统属于第二代移动通信技术，是在蜂窝系统的基础上发展而成的。它是一种电路交换系统，采用时分多址（TDMA）技术，一个频道最多可有 8 个移动用户同时使用，频率的复用大大提高了频率的利用率并增大系统容量，又具有全球漫游功能，所以目前拥有最广大的用户。但在电路交换方式下，即使网络上没有数据传输，其他用户也不能使用空闲的信道。另外由于各系统间没有公共接口、频谱利用率低无法适应大容量的需求、安全保密性差、易被窃听等缺点，GSM 向 3G 的过渡是大势所趋。目前我国 3G 技术已经获得突破性进展，但在目前的条件下，由于技术上的不完全成熟，以及新一代通信系统的巨大投资，许多国家的电信运营商选择了 2G 向 3G 的过渡技术，也就是 2.5G 的技术。

（二）GPRS

GPRS 是通用分组交换的数据承载业务，提供端到端的、广域的无线 IP 连接。它是在现有的 GSM 网络基础上叠加的一个新的网络，同时在网络设备上增加一些硬件设备，并对原软件升级，形成了一个新的网络逻辑实体。GPRS 是利用"包交换"（Packet Switched)的概念发展的一套无线传输方式,所谓包交换就是将数据封装成许多独立的封包，再将这些封包一个一个传送出去。GPRS 基于报文交换，多个用户可以共享一个相同的传输信道，每个用户只有在传输数据的时候才会占用信道，这就意味着所有的可用带宽可以立即分配给当前发送数据的用户，这样用户有更多的间隙发送或者接收数据。

GPRS 与原有的 GSM 比较，在数据业务的承载和支持上具有非常明显的优势：更有效地利用无线网络信道资源，特别适合突发性、频繁的小流量数据传输；上网连接速度快，支持的数据传输的速率更高，通过连接 PC 机浏览网页，实现无线移动；永远在线，计费方式可按数据流量计费；GPRS 还能支持在进行数据传输的同时进行语音通话等。GPRS 的目的是为 GSM 用户提供分组形式的数据业务，它采用与 GSM 同样的无线调制标准、频带、突发结构、跳频规则以及同样的 TDMA 帧结构，允许用户在端到端分组转移模式下发送和接收数据，从而提供了一种高效、低成本的无线分组数据业务。

从通信网络方面看，GPRS 是 GSM 的增强版，将来可以升级到 WCDMA（Wideband CDMA），这是基于 GSM 网发展出来的 3G 技术规范。但 GPRS 也存在着缺点：一是实际应用中速率比理论值要低；二是转接时延，由于 GPRS 分组发送数据，这样数据无线传输过程中可能发生分组数据的丢失，有关标准组织引入了数据完整性和重发策略，由此产生了潜在的转接时延；三是不同业务的互相干扰，实际应用中不同业务会互相干扰。

（三）CDMA 是基于码分多址技术的数字移动电话系统

它是在数字扩频通信技术上发展起来的一种新的无线通信技术，根据现代移动通信网大容量、高质量、综合业务、软切换、国际漫游等要求而设计的一种移动通信技术。与使用时分多路的 GSM 技术不同，CDMA 并不给每一个通话者分配一个确定的频率，而是让每一个通信都使用全部的频率，使大量用户能够共享同一个无线频率。CDMA 系统为每个用户分配各自特定的地址码，彼此之间是互相独立、互相不影响的，由于有不同的地址码来区分用户，所以对频率、时间和空间没有特定的限制，利用公共信道来传输信息。

CDMA 的优点在于：一是系统容量大建网成本低，CDMA 网络覆盖范围大，所需基站少，降低了建网成本，CDMA 移动网的容量比 GSM 要大 4 ~ 5 倍；二是系统容量配置灵活，CDMA 是一个自扰系统，所有移动用户都占用同一个带宽和频率，传输信号之间就会有干扰，如果能控制住用户的信号强度，在保持高质量通话的同时，我们就可以容纳更多的用户；三是采用 CDMA 系统的软切换和自动跟踪多径信号技术，软切换技术"先连后断"，可降低切换时通话中断的可能性，通话语音质量好，接通率高；四是频率规划简单，保密性好，要窃听通话，必须要找到码址，要找到 CDMA 码址的伪随机码是很困难的事；五是发射功耗小，无线辐射能量低，所以又被称为"绿色手机"；六是能支持多种业务，CDMA 采用宽带技术，支持短消息、语音信箱、自动漫游、呼叫转移、呼叫等待、三方会谈、主叫号码显示、传真和数据通信等多项业务。CDMA 技术虽然出世较迟，但由于技术上的独特之处，在北美、南美和韩国得到了广泛的使用。

三、短信服务技术的应用

短信服务（SMS）是全球公认的无线服务，它能够在移动用户及外部系统之间传送包括文字与数字的短信。它提供了一个机制，用于将短信传送到无线设备及从无线设备发送短信。这个服务利用了短信服务中心（SMSC）作为短信的保存、转发系统。该服务的显著特点是一个可用的移动手机能够在任何时候接收或提交短信，短信被存在短信服务中心，直到接收方开机或在服务区出现时发送给接收方；而且更具优越性的是，由于是统一规范的，手机即使漫游到外地或国外，也可收到来自国内的中文短信息。无线短信服务的特色在于扩展带宽信息包的传输及低带宽的信息传输，这样就产生了一个高效的方法用于传输简短而紧急的数据。起初，无线短信服务应用集中在包括文字和数字的业务服务，随着技术和网络的发展，提出了多样的服务，包括电子邮件、传真和页面综合应用、交互式的银行业、证券业等的信息服务以及基于因特网的应用软件的综合。而且，因特网的综合性刺激了基于网页的信息及其他交互应用软件如即时信息、娱乐、聊天的发展，SMS 作为一种全新的服务日益显示出其强大的生命力。短信的广告效果更是其他任何媒体无可比拟的，"手机短信"被称为第五大媒体。短信服务将成为信息服务行业新增的一条利润来源，短信息被应用于内部管理、业务系统和客户服务系统中。比如以 A 公司为例，这是一家综合性的大型销售企业，有 200 多名业务人员，平均每天都会有 80% 在外出差，当公司有重要消息通知他们时，传统的办法是电话通知，需要几个人占用半天的时间，会由于信息不及时而造成损失；而通过短信服务只需要花上几分钟书写通知，轻松一按就可全部通知到位，这种功能是其他通信方式不可能做到的。

上述的概念都不属于同一范畴，首先，WAP 和 GSM、GPRS、CDMA 是有区别的，打个比喻：WAP 是在马路上行驶的汽车；GSM 相当于普通马路，行驶不很顺畅；GPRS 相当于一级公路，速度得到提高；而行驶在 CDMA 的高速公路上数据传输速度最高。其次，它们上网方式也不同，用 WAP 上网就如在家中上网，先"拨号连接"，而上网后便不能同时使用该电话线；但 GPRS 就较为优越，下载资料和通话是可以同时进行的；CDMA 就更为优越，是高速高质量高安全的网络。最后，无线短信服务在 WAP 技术支持下应用于上述三种无线承载方式的效果也不同。随着技术、网络的不断发展，无线服务将更加多样、丰富。

四、生产调度中的通信应用

现代工厂中大多分为不同的部门科室，每个部门生产产品的某一个部分，为了使各个部门进行分配，需要使用通信来进行调度。例如，每一个部门安装一台电话机，调度中心安装一个小型交换机，调度员可以通过该交换机控制台传送调度指令，交换机通常有以下功能。

（一）点呼

调度员摘机后无须手动拨打所要呼叫的电话号码，只需单击控制台界面上某科室对应的图标，即可实现一键式呼叫。

（二）群呼

调度员根据实际需要，可动态地选择所要呼叫的组员，组员选定后，单击即可实现一键式群呼。某单位应用这一功能，操作员选中所要呼叫的分机，单击"确定"按钮即可实现对选定电话的一键式群呼，实现广播式呼叫，被呼叫分机只能听到总调室分机的语音，其他分机之间无法互相通话。群呼适用于上级传递命令给下级或广播通知等。

（三）强插

调度员可将要插入的第三方通话一键式插入正在进行的双方通话，实现三方通话功能。

（四）强拆

调度员可强行拆除正在进行的双方通话。

（五）呼叫转移

调度员可对集团内各个电话进行呼叫转移设置，有遇忙转移和立即转移两种方式来实现调度。在实际生产中由于某科室的工作人员临时有事离开，无法及时接听电话，操作员可实现设定每部电话的呼叫转移情况，主要为了遇忙转移和立即转移两种情况。呼叫转移使电话调度更加人性化，避免重要电话无法通知。

五、自动化领域的通信应用

自动化技术的研究、应用和推广，对人类的生产、生活等方式将产生深远影响。例如，空调、冰箱、电热水器是一个温度自动调节的自动控制系统。生产过程自动化和办公室自动化可极大地提高社会生产率和工作效率，节约能源和原材料消耗，保证产品质量，改善劳动条件，改进生产工艺和管理体制，加速社会产业结构的变革和社会信息化的进程。大型的自动化系统需要通信技术的支持。

作为一个系统工程，自动化由五个单元组成。

①程序单元：决定做什么和如何做。

②作用单元：施加能量和定位。

③传感单元：检测过程的性能和状态。

④制定单元：对传感单元送来的信息进行比较，制定和发出指令信号。指令信号的传送需要应用通信。

⑤控制单元：进行制定并调节作用单元的机构。什么叫控制呢？为了"改善"某个或

某些受控对象的功能或发展，需要获得并使用信息，以这种信息为基础对于该对象的调节、操纵、管理、指挥、监督的过程和作用，叫作控制。

自动化的研究内容主要有自动控制和信息处理两方面，包括理论、方法、硬件和软件等。从应用观点来看，研究内容有过程自动化、机械制造自动化、管理自动化、实验室自动化和家庭自动化等。整个控制过程是一个信息流通的过程，控制是通过信息的传输、变换、加工、处理来实现的。大型的自动化系统各单元相距较远，传感单元送来的信息、制定单元发出的指令信号，需要应用通信技术来传送。

六、呼叫中心

呼叫中心（Call Center，又称为客户服务中心）就是在一个相对集中的场所，由一批服务人员组成的服务机构，通常利用计算机通信技术，处理来自企业、顾客的电话垂询，具备同时处理大量来话的能力。此外，它还具备主叫号码显示功能，可将来电自动分配给具备相应技能的人员处理，并能记录和存储所有来话信息。一个典型的以客户服务为主的呼叫中心可以兼具呼入与呼出功能，当处理顾客的信息查询、咨询、投诉等业务的同时，可以进行顾客回访、满意度调查等呼出业务。

呼叫中心起源于发达国家对服务质量的需求，其主旨是通过电话、传真等形式为客户提供迅速、准确的咨询信息，以及业务受理和投诉等服务，通过程控交换机的智能呼叫分配、计算机电话集成、自动应答系统等高效的手段和有经验的人工座席，最大限度地提高客户的满意度，同时使企业与客户的关系更加紧密，是提高企业竞争力的重要手段。随着近年来通信和计算机技术的发展和融合，呼叫中心已被赋予了新的内容：分布式技术的引入使人工座席代表不必再集中于一个地方工作；自动语音应答设备的出现不仅在很大程度上替代了人工座席代表的工作，而且使呼叫中心能 24 小时不间断运行；互联网和通信方式的变革更使呼叫中心不仅能处理电话，还能处理传真、电子函件、Web 访问，甚至是基于互联网的电话和视频会议。因此，现在的呼叫中心已远远超出了过去的定义范围，成为以信息技术为核心，通过多种现代通信手段为客户提供交互式服务的组织。

呼叫中心是维护客户忠诚度的中心。客户的忠诚度往往和售后服务成正比，例如快速回应客户的抱怨、协助解决客户的困扰，并让客户感受贴心的服务。此时，呼叫中心担负起维护客户忠诚度的重大责任，解决疑难杂症。除此之外，还可以推荐其他适用的产品，满足客户其他的需求，增加销售额。因为忠诚的客户可以买得更多或愿意购买更高价的产品，并且服务成本更低。忠诚的客户也可能免费为公司宣传，或推荐他的亲戚朋友来购买或了解，增加更多的新客户。

七、鱼塘水质监控

随着信息技术的发展，农业信息化技术正在改变着农业产业结构，农业现场相关参数的准确及时获取是农业信息化的重要基础。近些年，世界范围内不断出现食品安全事件。环境污染中的水污染，也使得水产品安全问题十分严峻。健康养殖信息化是改造传统水产养殖业、促进水产养殖业发展的客观需要，是切实提高农村综合生产效率、促进农民增收的需要。

从实际需求和部署现场实际情况出发，鱼塘水质监控具备以下基本功能：通过传感设备 7×24h 的感知溶氧值、pH 值、水温值等水质信息，采集、传输和存储水质数据，并提供历史数据查询、报表生成和绘制分析曲线功能；对各水质参数设定阈值，并且某些参数阈值可随季节或地点的不同重新设定，系统能及时对数据进行处理，当监测到超出阈值的数据时，可通过短信发送预警信息给养殖户；系统还有合理的权限控制，对不同的用户提供不同的服务，保证系统的安全性；系统具有良好的可扩展性。

八、农产品物流监控

农产品的运输与仓储过程的管理，是农产品物流的两个关键结点，涉及众多运输车辆、中转仓库。由冷藏运输车辆与冷藏集装箱、普通卡车，冷库、普通仓库，实现运输网络与种植户、产地物流中心的冷链衔接，成本较高；普遍采用的自然物流，虽然成本低，物流过程中农产品的损失有时很大，很大部分原因是天气环境的变化，例如气温的升高，引起农产品变质。据统计，物流损失率大约为 25%。除了物流组织管理、物流成本控制需要应用农产品运输与仓储过程的监测信息，消费者对农产品品质要求的提高，如产地溯源、物流环境溯源的要求，也需要提供农产品运输与仓储过程的监测信息化。

车辆车载终端通过主机内的 GPS 芯片接收天空的 GPS（全球定位系统）卫星群的信号，通过计算之后得到位置、时间等信息；通过 RFID 阅读器获取农产品的编码信息；通过传感器获取车辆内的温度、湿度参数信息；通过主机内置的手机 SIM 卡模块，利用移动通信技术，通过 GPRS 网络把信息传输到移动的网络中心机房，再利用移动网络中心的互联网出口，通过互联网把信息传输到车辆监控管理中心。仓库终端与车载终端不同，不需要 GPS 设备，但可以连接仓库内的物联网。

（一）车载终端主要包含数据采集、数据传输及数据展示三个功能模块

①数据采集：该模块主要利用传感器、标签、条码设备等采集设备采集物流过程中的基础数据，主要包括温湿度信息、GPS 信息、产品信息、车辆信息、上游产业数据接口等。

②数据展示：该模块主要为便于监控中心与车辆、冷库管理人员进行沟通，车辆、冷库管理人员的实时查询、操作，将数据采集信息进行显示，便于物流过程中温控环境、车

辆、冷链运行状态实时调控。

③数据传输：该模块利用 GPRS 技术、网络技术等通信手段将数据采集信息传输到监控中心，并接收监控中心数据，对系统下达的指令进行响应。

（二）监控中心功能模块包括信息处理、数据监控和数据安全管理三个模块

①信息处理：该模块通过物联网传感器和系统手动录入传输的各类数据进行格式校验与存储，并对数据库已存储信息进行更新等。

②数据监控：该模块通过调用数据库存储数据进行软件系统的界面化展示，并通过具体应用需求进行操作功能实现，具体主要包括界面展示、数据查询、数据更新、远程维护等功能。

③数据安全管理：该模块主要对系统传输的数据进行监控，主要包括数据传输格式校验、数据加密解密、用户校验等。数据安全管理可根据不同用户、不同环境的数据进行校验、格式转换，保障数据库数据的有效性和安全性。

信息管理部分是系统管理者对于人员车辆信息及一些固定信息的管理，其中固定信息包括最短路径的选择方案，配载原则等信息内置到基本信息中，管理者可以根据业务需求进行选择分配。车辆信息主要包括公司自营车辆档案资料信息，其中有车辆类型、牌号、种类等信息。人员管理，即人员档案信息，包括驾龄、驾照号、姓名、出生日期等信息。用户管理则主要是对系统进行增、删、改等处理，按用户分工的不同赋予相应权限。

九、网络商城

网络商城是指在互联网通信技术和其他电子化通信技术的基础上，通过一组动态的 Web 应用程序和其他应用程序把交易的买卖双方集成在一起的虚拟交易环境。众多交易主体则可以通过 EM（Electronic Market）中提供的电子化交易信息和交易工具或自己的电话、电子邮件、管理信息系统等程度不同的电子化工具建立起"点到点"和"一对多"的交易通道。

网络商城主要有两种形式：一种是有自己独立的网络服务器（Web 服务器）构成的商业站点；另一种是集中在某一"购物中心"或"商业街"中的商家网站，这是规模较小的商家租用别人的 Web 服务器，在上面开设主页，类似于传统商业街上开设的一个店面。网络商城经营的商品与传统商场没有什么区别，有生活必需品，如食品、服装，也有学习用具、计算机硬软件、电器设备及图书、工艺品等。电子市场同传统商场的主要区别：网络商城中没有实际货物，是一个虚拟商店，有关商品的各种信息均存储在服务器上，消费者通过网络浏览这些服务器就可了解各种商品信息。若对某种商品有购买要求，通过电子订购单发出购物请求，然后输入信用卡号码或采用其他支付方式，厂商托运货物或送货上

门。网上购物的优点在于大大缩短了销售周期、提高销售人员的工作效率，而且可降低展销、销售、结算、发货等环节的费用，比传统的零售店、专卖店、连锁店、超市和仓储商场有更强的竞争力。值得指出的是，厂商建立的网络商城或网店只需一个就行了，没有传统连锁商业横向扩张的分店投资和风险，但业务却不局限于一个城市、一个省或一个国家，可以面向全球。

十、地铁监控与运行管理

为了提高对地铁进行监控与运行管理的自动化程度，需要传递调度人员的语音、站场、线路、车辆的图像等各种信息，即需要通信。整个地铁专用通信系统，包括传输系统、公务电话系统、专用电话系统、专用无线系统、视频监控系统、广播系统、时钟系统、乘客信息系统、电源系统、集中告警系统。

传输系统是基于光纤的宽带综合业务数字传输网络，为地铁业务提供信息通道；公务电话系统是公网市话的地铁系统接入，向地铁用户提供语音、传真等通信服务；专用电话系统为列车运营、电力供应、日常维修、防灾救护、票务管理提供指挥和调度命令的有线通信工具；专用无线系统为列车运营、电力供应、日常维修、防灾救护、票务管理提供指挥和调度命令的无线通信工具；视频监控系统提供列车运行、防灾救灾、旅客疏导等方面的视觉信息；广播、乘客信息系统为乘客提供列车停靠、进出站信息、安全提示和向导、音乐，以及向工作人员播发通知等语音和视频信息；时钟系统提供统一的标准时间信息，为其他系统提供统一的时间信号；电源系统为地铁专用通信系统提供动力保障；集中告警系统是综合各子系统网管信息的工具。

十一、民航飞机联络与管理

民航飞机联络与管理应用民航飞机专用通信系统来进行。民航飞机专用通信系统的主要用途是使飞机在飞行的各阶段中和地面的航行管制人员、签派、维修等相关人员保持双向的语音和信号联系，当然这个系统也提供了飞机内部人员之间和飞机内部人员与旅客之间的联络服务。飞机上的通信与地面的通信相比还是有所不同的。

当地面呼叫一架飞机时，飞机上的取舍呼叫系统以灯光和音响告诉机组有人呼叫，从而进行联络，避免了驾驶员长时间等待呼叫或由于疏漏而不能接通联系。对每架飞机的呼叫必须有一个特定的4位字母代码，机上的通信系统都调在指定的频率上，当地面的高频或甚高频系统发出呼叫脉冲时，其中包括特定代码，飞机收到这个呼叫信号后输入译码器，如果呼叫的特定代码与飞机代码相符，则译码器把驾驶舱信号灯和音响器接通，通知驾驶员进行通话。

飞机内部的通话系统，如机组人员之间的通话系统、对旅客的播送和电视等娱乐设施，以及飞机在地面时机组和地面维护人员之间的通话系统都是有所不同的，叫作音频综合系统（AIS），它分为飞行内话系统、勤务内话系统、客舱广播及娱乐系统、呼唤系统。

飞行内话系统的主要功能是使驾驶员使用音频选择盒，把话筒衔接到所选择的通信系统，向外发射信号，同时使这个系统的音频信号输入驾驶员的耳机或扬声器中，也可以用这个系统选择接收从各种导航设备来的音频信号或利用相连的线路进行机组成员之间的通话。

勤务内话系统是指在飞机上各个服务站位，包含驾驶舱、客舱、乘务员、地面服务维修人员站位上安装的话筒或插孔组成的通话系统，机组人员之间和机组与地面服务人员之间应用它进行联系，如地面保护服务站位一般是安装在前起落架上方，地面人员将发话器接头插入插孔就可进行通话。

客舱广播及娱乐系统是机内向旅客广播通知和放送音乐的系统。各种客机的旅客娱乐系统差别较大。

呼唤系统与内话系统相配合，呼唤系统由各站位上的呼唤灯和谐音器及呼唤按钮组成，各内话站位上的人员按下要通话的站位按钮，站位的扬声器发出声音或接通指示灯，以呼唤对方接通电话。呼唤系统还包括旅客座椅上呼唤乘务员的按钮和乘务员站位的指示灯。

十二、野外探测与空间探测

石油勘探、林业、电力、地质勘探、公安消防、电信、旅游探险、自驾车穿越等远离城镇的场合，需要进行数据传输、人员联系，不能应用电话、互联网，这时应用卫星通信，可以完成数据传输、视频会议、传真、网络电话以及车辆跟踪监测，等等。

空间探测需要应用空间通信。空间通信是航天器、天体与地球站等的无线电联系。通信用来完成地面人员与航天器内的航天员通话，将航天器拍摄的图像送回地面，地面向航天器进行遥测或发送指令信息等。

地球与载人航天器之间的话音通信大多使用甚高频和超高频频段。文字、图形、相片等图像信息传输分为电视图像传输和数字图像传输。航天中的电视一般采用窄带和低速扫描，也有用快速扫描、高分辨率的电视线路的。数字图像传输把光学、红外或者微波成像器所拍摄的图像以数字数据的形式传给地球站。高分辨率图像多采用数字图像通信方式。在国防军事方面，通常叫作"卫星侦察"，侦察是为了弄清敌情、地形以及其他有关作战情况而进行的活动。

航天器与地球站的遥测数据或指令传输是空间通信的一个重要方面。例如，航天器内的科学实验数据、各系统的性能和工作状态数据和各种试验结果数据，以及各种遥控指令等的传输。某卫星通信系统由两个分系统组成：宽带数据系统和卫星遥测系统。前者用来传输图像数据，工作在 Ku 波段、X 波段和 S 波段；后者的工作在 S 波段，用于跟踪、指令和工程遥测。遥测系统由多用途模块组成：与跟踪和数据中继卫星系统通信时，使用高增益天线；与地球站通信时使用两副全向天线。卫星上的计算机用于控制卫星的功能和遥测工作方式并存储指令。

十三、智能家居

智能家居的最终目的是让家庭更舒适、更方便、更安全，更符合环保。例如，通过家用电子监控系统和手机连接，在外面也可以看见家里的一切。可以用手机控制家里的机器人做饭，下班回家就可以吃可口的饭菜了。

随着人类消费需求和住宅智能化的不断发展，智能家居系统将拥有更加丰富的内容。智能家居包括网络接入系统、防盗报警系统、消防报警系统、电视对讲门禁系统、煤气泄漏探测系统、远程抄表（水表、电表、煤气表）系统、紧急求助系统、远程医疗诊断及护理系统、室内电器自动控制管理及开发系统、集中供冷热系统、网上购物系统、语音与传真（电子邮件）服务系统、网络教育系统、股票操作系统、视频点播系统、付费电视系统、有线电视系统等。各种新鲜的名词逐渐成为智能家居中的组成部分。

目前，智能家居一般要求有三大功能单元：要求有一个家庭布线系统；必须有一个兼容性强的智能家居中央处理平台（家庭信息平台）；真正的智能家庭生活至少需要三种网络的支持，即宽带互联网、家庭互联网和家庭控制网络。这些都需要通过网络技术进行连接。

十四、自然保护区数字化监测与管护

对自然保护区进行监测的主要设备是保护区中部高山山顶塔架及其高清摄像机、云台、线路、电源、无线传输信号接收中继塔，监测方式以高清摄像机 24 小时监控，无线传输信号到中继塔，中继塔传输信号到机房，再以光缆传输信号到保护区管理处，实现实时动态监测。

利用自然保护区数字化监测与管护平台，可全面提高保护区的信息化监测与管理水平，实现对保护区内野生动植物、人员进出流动、森林防火监控、资源保护管理的实时动态监测，形成保护区监测的动态化、可视化、网络化和智能化，大大提高保护区资源管护和巡护的效率，为数字化保护区建设迈出坚实的步伐。

第二代、第三代、第四代移动通信技术和无线局域网、超宽带等技术得到了互补的发展。第四代移动通信技术能够满足高速率的需求，第三代移动通信技术能够满足广域无缝覆盖和强漫游的移动性需求，第二代移动通信技术能够满足日常通信电话及低速无线网络的需求，无线局域网能够满足中距离的较高速数据接入的需求，而超宽带能够满足近距离的超高速无线接入的需求。目前，可视电话和数字电视都已经实现，它们是对实时性要求很高的多媒体通信技术，对带宽也有很高的要求。其中，数字电视需要实时传输高质量的电视节目，对带宽的要求最高。未来将会出现更多的通信技术，人们可以综合利用这些技术实现更多的功能和实际应用。通过多种形式的通信技术的互补发展，有利于促进通信技术的均衡全面发展。政府为各种企业提供了更多的无线频率资源，推进不同技术相关频谱的规划和应用工作，有利于各种企业按照各自的发展策略和市场需求，对自身的无线通信网络进行综合规划，这对于企业实现自身资源的优化配置，起着举足轻重的作用。

所谓物联网，就是将所有物品通过射频识别（RFID）、红外感应器、全球定位系统、激光扫描器等信息传感设备与互联网进行无缝连接，从而能够进行智能化识别和管理。在世界范围内，许多市场上的移动通信业务增长量都已经逐渐减缓，与此同时，物联网技术飞速发展。物联网的发展，毫无疑问会带动通信技术更快的发展，并且能够扩大通信技术的实际应用范围。由于物联网是物体和物体之间连接起来的网络，因此，它广泛应用于图书馆的条码扫描、智能大厦的门禁卡以及超市的商品识别等等，这些都促进了通信技术应用范围的扩大。

随着社会经济的快速发展以及通信技术的广泛应用，人们的工作、学习和生活也变得更加便利。未来通信技术将具有更广阔的发展前景，它正在从单一窄带业务的通信技术网，发展成为一个将电信、广播、计算机融合起来的宽带通信技术网络。

第三节　通信的重要性

通信技术作为交流、联系、沟通、协调的手段，已经成为加速世界经济、社会、文化、科技等发展的技术基础。世界某一个角落发生的事情，通过网络通信几秒钟就可以传遍全球。在决策和行动上，管理者开始以"秒"来计划，形象地说"以光的速度行事"。不但规划和行事的时间单位在发生变化，而且同一时间单位里，信息交流总量急剧膨胀，随之带来的经济、社会、文化、科技的发展规模也在急剧扩张。人们迫不及待地用各种字眼来形容新的境界，如信息社会、信息经济、信息时代等。

尽管不同的角度会引起不同的评价和争议，但有一个公认的事实：通信技术的发展在不断地提高世界各部分之间交流的规模、联系的速度、沟通的质量和协调的水平，通信技术的应用促进了全球化。通信技术影响社会发展的方式有加速信息与思想的传播、扩展人际网络、更好地交换信息，实现低成本的信息传递、跨越社会和文化界限的互动等等。

通信技术可以为信息的传输，并为缓解、减少或消除发展的不确定性提供积极的技术手段。科技和经济的发展离不开这样的技术基础，人类进步和社会生活离不开这样的技术基础。毫无疑问，通信技术将持续获得世界各国的需求而迅速发展，因此对于通信技术的整体发展应持乐观态度。但是有个情况值得注意：建立在计算机和网络等通信技术基础上的社会，当其健康运行时将强大无比，当其重病运行时也将脆弱无比。有一个环节出现灾难性的障碍，就会殃及整个网络，致使系统、机构、区域、国家甚至世界多国处于危机状态。所以，通信技术在推广和应用过程中面临的基本问题是如何适用、安全、健康、有效地使用。"适用"问题在于明确目标，为目的服务，不盲从搬用；"安全"问题在于防止各种侵害因素的干扰，保证整个网络系统的正常运行，尤其需要具有对灾难性后果的恢复能力；"健康"问题在于使用这种技术的过程要保护人类的正常生活，不损害人的健康；"有效"问题在于通信技术能有成效地推动事物的进步、发展，并增强效率、保证质量。

除了日常生活中通信的应用，工业、农业、商业、交通等各方面都需要应用通信。通信的应用已经进入到社会经济的各个领域。社会的发展离不开人们之间的交流与合作，也离不开社会各个部门的信息交流，显然，交流与沟通离不开通信技术的应用，因此通信技术的发展也就与社会的进步息息相关了。如果将这个社会比作人的身体，通信就是这个社会机体的神经系统。通信技术持续、快速发展，正在重构人类社会生产和生活的各种图景，已经成为"撬动"人类社会发展和世界进步的关键杠杆。它不仅是人们突破时间和空间限制保持沟通与连接的关键工具，也是企业技术创新、管理变革和商业重构的驱动利器，更是各国发展经济、抢占未来产业革命制高点和提升国家综合国力的重要手段。作为通信工作者，我们既感到自豪，又感到责任重大。

一、通信工程信息技术

通信工程作为一门基础性的学科之一，是电子工程中的一个分支，在这门学科中人们比较关注在通信过程中所实现的信号处理和信息传输。在信息科学技术发展的过程中，通信工程发展迅速，比如在人们日常生活和工作的过程中，互联网络通信技术、光纤通信技术、数字移动通信技术等提供了很多的便利，发展空间比较大，而且发展前景较好。

通信工程是关于通信过程中的信息传输和信号处理的原理和应用的学科，是信息科学技术发展迅速并极具活力的一个领域，通信工程与信息技术密不可分，在科学发展以及经济发展中都发挥着重要的作用。通信工程信息技术在一定程度上代表着我国的科学技术水平，是当今社会科学技术的主导力量，占据着主要地位，具有广阔的发展前景，在国民经济运营部门和军事等方面都发挥着不可忽视的作用。

（一）无线信息通信技术

无线通信可以通过电磁波信号在自由空间中传播的特性来实现交换信息，无线信息通信技术弥补了光纤技术在自然灾害中造成中断瘫痪的缺陷，可以高速传递大容量信息，安全、保密、稳定、准确。WIFI、WMN 和 LMDS 等技术都是无线通信的范畴，这些技术比较成熟，适合各种年龄段的人员需求，可以实现网络的共享，但其安全性值得考虑。

（二）宽带电力线通信技术

宽带电力线通信，主要利用电力线，并不需要重新进行布线便能够连接数据，发送相关的信号。这种技术优点明显，可以节约大量的资源，合理地将基础设施销售网络以及低压现有生产线利用起来，不需重新布线，节约大量的人力和物力，使用方便，为用户提供另一种选择性的通信方式；电力线的传输速度可以和光纤速度相媲美，而且宽带网络覆盖广、安全性较高，实现了智能控制的目的。

（三）4G通信技术

4G 技术能将无线通信技术和因特网多媒体通信技术有机结合形成一个崭新的通信系统。4G 通信系统为用户提供了各种服务，可以实现 24 小时无间断服务，全面实现信息交流广泛化、随机化和多面化。

（四）光纤通信技术

这种通信技术是利用廉价成熟的光纤导体，实现信号传输的，它可以实现单纤收发，目前正逐步取代铜铝导线。光纤容量大、价格廉价、维护方便，能够通过超长距离来进行传输，这是人们追求的目标，同时也是光纤能得到广泛应用的原因。

二、通信信息产业的重要性

通信信息产业对传统的工业有很大的推动作用，把信息化和工业化结合起来，有利于搞好劳动、技术、资本、知识密集型产业的搭配工作，能够优化我国的产业结构，协调人与自然的和谐关系；通信信息产业也是实现文化和谐的重要途径，现代的信息网络是当前意识形态中最活跃也是竞争最激烈的形式，它决定了社会的稳定，成为重要的文化阵地，通信技术使网络文化风起云涌，架起了有效的信息沟通服务桥梁，缩小了文化差距，通过文字、图片、音频等形式丰富了文化形态，很大程度上促进了文化领域的新陈代谢。

三、通信技术对社会的意义

科学技术是第一生产力，它是决定社会经济发展和综合国力强弱的一个重要因素，在一定程度上对社会各方面的发展起着决定作用。但是，技术不是影响社会生活的唯一因素，它只是组成整个社会发展系统中及其重要的一环，和人们的生产生活息息相关。就通信技术而言，其对社会生活质量、经济发展、政治文化水平以及社会关系都有很大的影响力。

马克思曾在评价近代科学技术对社会发展的意义时说过，蒸汽、纺织机和电力是能够带来比人民力量更伟大更可怕的革命的。列宁也就科学技术对社会发展的意义发表过自己的看法，并给予了很高的评价，他认为技术进步是导致其他一切进步的因素。

四、通信技术对经济发展的意义

通信产业研究的核心是技术，只有高端的技术才能带来更高的效益和利润。每项新技术的研发成功并投入使用，不但能促进运营商提高自身服务质量，而且开发的新业务能多方位满足消费者的需求，例如视频业务、数据业务等可以满足很多客户对手机多功能的要求。同时技术的不断进步也能为生产厂商节约生产投资成本，减少对原材料的消耗，利于厂商以低廉的价格出售给消费者，还可以吸引更多潜在的消费群，增加销售量，提高企业效益。面对良好的市场发展趋势，各大厂商也加大投资研发新技术，使得通信业的发展规模不断壮大。

通信技术的快速发展也带动了其周边企业的发展，对国民经济水平的增长也起到了推动作用。利用通信技术，企业高层也可以在第一时间内掌握市场需求的变化，赢得市场的主动权，及时准确地做出各项决策。同时通信技术带动了电子商务的发展，给企业市场交易提供了便利，也创造了更广阔的空间。

五、通信技术对社会生活发展的意义

信息技术的发展使人类进入到数字时代和虚拟时代，以往的生活方式都发生了翻天覆地的变化，而通信技术作为信息技术的一个分支，也在很多方面改变了人们的生活方式，把他们的生活中心更多地转移到家庭中来了。随着通信技术的发展和广泛应用，人们不必天天奔波在家和公司、学校之间，在家里就可以利用计算机办公，或者用远程教学方式学习；过去书信来往的方式既费时也不太安全，利用电话和友人进行联系交流，不但节省时间，还更快地增强了双方感情；特别是网络购物的普及，使人们足不出户就能满足购物的欲望，非常方便；视频会议的出现使商业交流更为简便；等等。

利用种类繁多的通信工具及时地收集准确、有效的资料，并进行分析预测，能提升公司领导人的管理效率，对社会活动的方向、规模和进程进行准确的调控。社会的各个方面会因为通信技术的发展而联系得更加紧密，通信技术将各个社会活动黏结在一起。企业通过建立发达的通信网络，使得企业管理者可以在不同的地点，对企业的计划和发展进行调控。管理权限的分散，让各分支机构有更多的权利。同时，通信技术的发展，也能加强管理者对各分支机构事物的控制。因为管理者掌握着信息网络，他们能从信息数据中得到有效的数据支持。通信技术对管理结构也有很大的影响。以往，在信息不流畅的环境中，掌握更多信息、掌握更新信息的人就越有可能支配他人，然而在信息交流方便的当今，这种优势就不复存在了。先进的沟通交流工具，不仅能增加人们参与社会活动的方式，还能增加参与社会活动的人数，能促进管理的民主化。

六、通信技术在其他方面的意义

（一）扩大了市场范围，提高了资金的使用率

通信技术的发展不受地理位置的局限，突破了地区、国家的市场制约，导致全球化市场的出现，扩大了市场范围。像欧美等发达国家的一些巨头企业，利用通信手段调节市场和调拨资金时，钻了东西半球不同时差的空子，充分发挥资金的利用率，最大程度上提高其工作效率，以获得最高利润。同时，随着国际经济交易的增多，市场全球化的促进以及网络化的发展，很多外资企业都是在交易时利用网络电子转账，极大地缩短了资金流通的时间，就可以在其他地方充分利用这些流转资金。

（二）节约了能源消耗

通信技术在很多方面都节约了能源的消耗，如使用电话、网络商务、视频会议、传真等通信手段联系处理商务等，不用像以往用出差解决，这样既节约了交通能源，在减少了出行的同时，也减少了对空气的污染。另外，网络系统的健全也利于人们掌握各种有用的信息，不用受地区和行业的限制，直接在电脑上获取所需要的数据。这不但提高了信息流通的速度，将有用的信息进行整理规划，也减少了对信息保管、存放的工作，使信息发挥了应有的作用。人们能利用资源共享，在最短时间内获得需要的信息，也节约了时间。

（三）利用远程教学促进了教育事业的发展

通信技术的广泛使用，对当今教育事业的发展也有极其重要的意义。比如，利用通信卫星实现的远程教学模式，突破了传统教学方式的局限，不再是课堂授课为主，使学生课外自己在家也可以随时学习，解决了很多一直存在的教育问题；而且这种教育方式也有很多优点，即进行开放式的教育，扩大了受教育者的范围。这比较适用于成人教育和扫盲教育，用远程授课的方式使学生直接坐在家通过网络就可以学习，同时不用去学校，不必受年龄、地点的限制，使更多的人有了接受教育的机会。

目前，随着光纤电视等媒体事业的发展，通信技术也得到了发展和完善。现在电视节目或者新闻播报中，都有实时连接采访报道的场面，突出了新闻的时效性，能够让观众在第一时间了解到新闻信息。通信技术在卫星发射等涉及国防的科研项目中也有着重要的作用。比如，在"神舟八号"的发射过程中，采用通信跟踪技术，为大家提供了及时的报道。通信技术的发展给社会带来极大的好处，这让我们可以预见通信技术将在我国社会发展中的重要地位。通信技术在未来应当向远距离、大容量方向发展。最近几十年通信技术的发

展表现为计算机和网络，它们能迅速地将世界上任何一个地方发生的事情传遍全球。企业的管理者，运用通信技术，开始"以秒行事"，能有效地规划单位的发展。通信技术的发展不断地提高我国企业、政府、群众之间交流速度、沟通质量，实现我国各个领域全球化的目标。

通信行业目前已经是我国国民经济中新的增长点，通信技术占据着很大的市场份额。因此在新时期通信技术的发展中，我们要跟上时代步伐，创新技术。在未来的发展中，通信技术应当运用速度更快的云技术和无线宽带技术，为人们提供网络通信服务，实现城市的无线发展。比如让人们通过手机玩互动游戏、参加手机视频会议和手机观看电视节目等，这不但提高了人民群众的生活质量，还加快了城市信息化进程，同时也提升了我国国内信息化的建设水平。

在未来的发展中，通信技术要逐渐加强在光通信方面的技术运用。只有通过运用未来先进的网络技术，不断提高业务水平，才能够科学、规范地对通信技术进行管理，提高它的质量。所谓光通信，就是加快接点的转换速度，让信息以光的速度进行传播，为人民提供更好的服务。

加强通信技术与 IT 行业的合作。在日常生活中，我们可以利用 IT 技术在网络上进行服务，充分发挥通信技术的优势，加快通信技术的推广。通信技术不仅在国民生活方面提供了便利，也改变了秘书的工作方式，加强国际交流，促进了企业管理者对企业的管理。同时，通信技术在国防方面也具有重要的意义。在新时期，我们要加强对通信技术的研究力度，将通信技术与 IT 技术相结合，为改善我国通信质量做贡献。

随着通信技术的应用普及和信息网络的发展，人们的生产、生活方式将发生极大的变化。以上列举的种种足以表明，通信技术对社会发展有着非常重要的意义，它影响着人们工作生活的各个方面。

七、现代通信技术推动军事通信的发展

随着信息技术的高速发展，卫星通信、光通信、数字通信等通信技术已得到广泛的应用，也推进了军事通信的发展。军事通信从过去的有线电通信发展成今天的宽带网络的多媒体通信，从过去"烽火台"狼烟的信息传递到现在的信息的高速公路和太空通信，已经发生了翻天覆地的变化。军事通信技术也从战争的"后台"逐渐走向"前台"，从过去的"无名英雄"变成了现代影响整个战争成败的"信息斗士"，其在战争中的重要性越来越显现出来。

八、现代通信技术在局部战争中的重要性

（一）军事通信已从保障战斗力发展成重要战斗力

随着世界军事的发展，军事通信在战争中的重要性和地位也在不断变化，其逐渐从过去对战斗力的保障功能发展成为战争中一种重要的战斗力。军事通信已经成为现代局部战争制胜的重要因素之一，在现代的信息化局部战争中，通信起着贯穿战争始终、连接诸军兵种、传达命令攻势等多种作用。现代通信系统所涉及的环节多，覆盖的范围大，战争中谁失去了制通信权，谁就失掉了整个战争。最近的伊拉克战争、阿富汗战争就是信息化战争，美国之所以通过小的代价获取战争的胜利，主要是他们在战争前期就使对方的通信系统陷入瘫痪、失灵。总之，随着军事技术的不断发展，局部战争形式的不断演化，军事通信从传统的"配角"逐渐地走向现代战争的"主角"，成为现代战争中冲锋陷阵的"斗士"。

（二）军事通信技术能保证局部战争中的五个"精确"

通过军事通信技术，实时掌握敌我双方的情况和动态，精确统筹我方部队快速有效遏制和打击敌方，是现代局部战争的重要目的。每场战争中的时间、地点、目标、方式等都必须准确无误地确定和控制，可见，精确探测、精确定位、精确指挥、精确打击和精确评估在现代局部战争中将起到至关重要的作用，而这些"精确"只能依靠现代军事通信技术来保证。

第一，精确探测。现代军事通信技术经常性地通过大量的预警、监视、侦察等装备和技术，对军事目标采取不同角度、不同范围的监视，已保证及时了解敌我双方的动态。

第二，精确定位。在现代局部战争中，利用通信技术如夜视仪、热红外探测仪、动态探测仪、高分辨率照相、高技术传感器等通信设备以及比较先进和作用极大的电子对抗技术，能对一些军事目标进行精确定位。

第三，精确指挥。在现代局部战争中，部队中各级的指挥系统各自自成网络的同时，整个战争部队其实就是一个信息网络，他们不但彼此之间能独立指挥作战，同时又相互连接，进行上下级的沟通，部队的指挥官不但可以对所有的信息进行分析、判断和决策，对直属下级下达命令，同时也可以不经过中间环节直接给前线部队或者个人下达精确化的部署和指挥，对战场进行精确监督和管理。

第四，精确打击。随着世界制导技术的不断发展，导弹的杀伤力越来越大，现代的导弹命中精度可以达到 $1 \sim 3m$，甚至更低。现代的战争武器可以从几千千米以外进行发射并命中，甚至能从前导弹打通的墙洞中穿过继续攻击目标。现代的武器命中即意味着摧毁，摧毁即为有效打击，不造成其他的附带损坏。

第五，精确评估。在现代通信技术的发展下，现代局部战争开战之前，敌我双方都会对战争进行大量的评估论证，举行大量的军事演习，或者仿真虚拟演习，对战争中可能发

生的情况进行充分的论证，对所打击目标的精确度进行系统的评估。比如在伊拉克战争前夕，美军中央司令部司令费兰克斯将军亲自坐镇位于海湾小国卡塔尔的军事指挥中心，与"倒萨"军事行动中参与指挥的美军高级将领们开始了代号为"内窥03"的大型虚拟军事演习，并多次借助其作战实验室的仿真模拟系统对演习实施评估论证，使其对联合作战的指导更加精确化。

无论是过去战斗力的保障功能，还是现代的准战斗力，军事通信都面临着重大的安全威胁，军事通信安全也被各方所重视。只是随着军事通信关键性作用的显现，军事通信安全才被格外的重视和保护。军事通信的窃密和保密、干扰与抗干扰自始至终都是军事战争双方不断对抗的手段。随着现代通信技术和设备的应用，军事通信安全从过去的比较单一的"保密＋抗干扰"，转变成为"保密＋抗软摧毁＋抗硬打击＋抗干扰"的安全观。现代局部战争中军事通信安全措施主要有以下两点。

（1）根据任务区域采取针对性的军事通信保障手段

现在的局部战争所面临的区域都不一样，有临海的，有内陆的，也有海陆都涉及的。对于不同战争区域，或者战争目标区域，其军事通信所使用的技术是不一样的，对于不同的技术、不同的地理环境，应该采取不同的军事通信保障手段。下面主要介绍濒海区域的军事通信保障方法，首先，对于濒海地区的战争任务中军事行动应急通信保障应该从之前单纯"静中通"转变为"扰中通"，从之前的超短波或者短波电台转变为有线通信、卫星通信和移动通信的综合应用，以实现非战争军事行动应急通信保障方式的及时转变，确保通信的安全。其次，由于濒海地区经济发达、人口众多、无线信号密集，其中除了使用无线电业务之外，还存在着如对航、对潜、渔业、导航等通信。部队军事行动中必须对电磁环境进行充分的考虑，在濒海城区尽量多地使用现有的有线通信设施和网络，在非城区尽量多地使用卫星通信网络和军用机动 CDMA 移动通信。必须采取适合当地区域情况的通信设施和通信设备及其保障措施，才能实现军事通信的有效性和顺畅性。

（2）加强防磁抗扰的能力，提升军事通信保障的可靠性

为了防止通信在电磁环境下受到干扰而发生中断，首先，必须对各种通信手段进行综合使用，加强通信网络中多种信道传输能力。比如在局部战争的现场采用跟固定通信网络进行对接的方式，利用固定通信网络较强的抗干扰能力，进行可靠且快速的通信。其次，可以通过对军事通信装备进行抗干扰能力的增强，或者增加各种通信设备的抗干扰单元，从而提升防磁抗扰能力，提升军事通信保障的可靠性。最后，还应该加强对战争区域电磁频谱的管理，清除一切可能的电磁污染，从而确保军事电磁使用的安全环境，保证自身通信的安全可靠。

在现代局部战争中，信息战已成为主要的手段，因此我们必须发展现代通信。现代通信是局部战争的重要战斗力：无军事通信，就没有信息战；没有军事现代化通信，就无法

赢取信息战。所以，我们必须加强军事通信技术的发展和创新，实现军事通信的安全可靠。

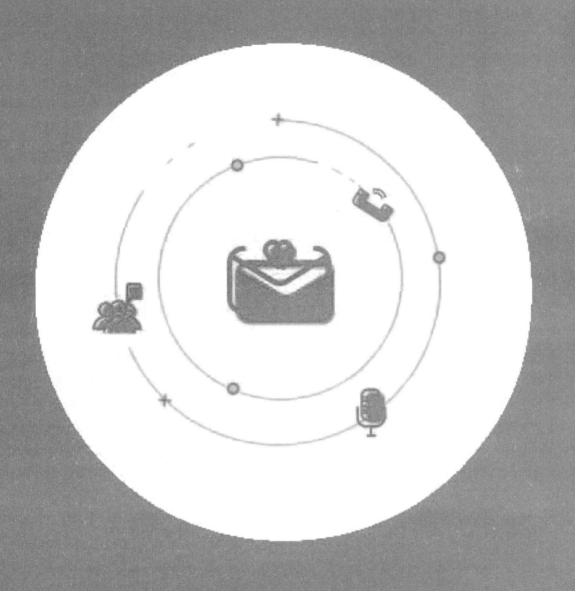

第二章

通信业的概述

第一节　通信与通信系统

　　人类社会自脱离动物界独立形成以来，信息交互一直是一个重要的生存要素。口头语言和书面文字是最基本的信息交互形式。通信则是从一地到另一地克服距离障碍进行的信息传递和交互。实现通信的方式和手段很多，从古代社会的烽火台、消息树到后来出现的驿站、旗语，以及现代社会的电报、电话、手机和因特网等，通信技术一直伴随着人类社会的进步而发展变化着。科学技术是人类的第一生产力，近现代出现了利用电磁波或光波来传递各种消息的通信方式，使信息传递迅速、准确、可靠，而且几乎不受时间和空间距离的限制，这就是人们现在关心和讨论的现代通信技术。为了更好地理解现代通信，有必要先回顾一下它的发展历史。

一、通信发展简史

　　在人类社会从古代文明走向现代文明的过程中，通信一直受到人们的关注并成为率先突破的技术领域之一。以下是近现代通信发展史中的一些具有里程碑意义的重大事件。

　　1844年，莫尔斯发明电报码，产生了利用电信号的通信方式——有线电报。

　　1858年，英国开始铺设越洋海底通信电缆。

　　1864年，麦克斯韦建立电磁场理论，预言了无线电波的存在。

　　1876年，贝尔发明电话。

　　1887年，赫兹通过实验证实了麦克斯韦的预言，为现代无线通信奠定了基础。

　　1896年，马可尼发明无线电报通信方式。

　　1906年，弗莱明发明真空二极管。

　　1918年，调幅无线电广播、超外差接收机问世。

　　1928年，奈奎斯特提出著名的采样定理。

　　1936年，调频无线电广播开播。

1937 年，脉冲编码调制原理被发明。

1938 年，电视广播开播。

1940—1945 年，第二次世界大战刺激了雷达和微波通信系统的发展。

1948 年，发明晶体管；香农提出了信息论，现代通信理论开始建立。

1949 年，时分多路通信应用于电话。

1957 年，苏联成功发射第一颗人造地球卫星。

1958 年，人类发射第一颗通信卫星。

I960 年，发明激光。

1923 年，发明集成电路。

1962 年，第一颗同步通信卫星成功发射，为国际间大容量通信奠定了基础。

1960—1970 年，数字传输的理论和技术得到了迅速发展；数字电子计算机运算速度大大提高。

1970—1980 年，大规模集成电路、商用通信卫星、程控数字交换机、光纤通信系统和微处理器等迅速发展。

1980 年以后，超大规模集成电路、光纤通信系统得到广泛应用；综合业务数字网崛起，现代通信朝着数字化、网络化、综合化、智能化、移动化、宽带化和个人化的方向发展。

纵观近现代通信技术的发展历程，人们发现通信技术来源于社会发展的需求，反过来又推动了社会的进步。通信技术的发展离不开通信理论的指导，新的通信理论的出现，必然带来通信技术的飞跃，同时也会进一步推动理论的发展。

二、通信方式

通信方式是指通信双方之间的工作方式或信号的传输方式。

（一）单工、半双工及全双工通信

点对点之间的通信，按消息传送的方向与时间关系，可分为单工通信、半双工通信和全双工通信 3 种。

单工通信是指消息只能单方向传输的工作方式。例如，遥控、遥测就是单工通信方式。单工通信信道是单向信道，发送端和接收端的身份是固定的。发送端只能发送信息，不能接收信息；接收端只能接收信息，不能发送信息。

半双工通信方式可以实现双向的通信，但不能同时在两个方向上通信，必须轮流交替进行。也就是说，通信信道的每一端都可以是发送端，也可以是接收端。但在同一时刻，信息只能朝一个方向传输。军事、工矿企业和公共管理场合使用的对讲机、步话机等通信设备采用的就是半双工通信方式。

全双工通信是指在通信的任一时刻，通信双方都可同时进行收发消息的通信方式。全双工通信的信道必须是双向信道，电话就是全双工通信最典型的例子。现在，计算机之间的高速数据传输也采用这种方式。

（二）并行传输与串行传输

在计算机通信中，按数据代码的排列方式不同，可分为并行传输和串行传输。

并行传输是将代表信息的数字信号码元在并行信道上同时传输的方式。例如，一个字节的二进制代码字符要用 8 条信道同时传输，一次传一个字符，这种方式传输速度快，但由于占用信道多、投资大，一般只用在设备之间的近距离通信，如计算机与打印机之间的通信等。

串行传输是将数字信号码元在一条信道上以位（码元）为单位，按时间顺序逐位传输的方式。这种传输方式按位发送，逐位接收，收、发双方需要确认字符，因此必须采取同步措施。速度虽慢，但由于只需一条传输信道，投资小，易于实现，所以它是目前电话和数据通信采用的主要传输方式。

（三）点对点通信、点对多点通信与网络通信

电话通信是典型的点对点通信，通信时发送信息点与接收信息点之间必须有独立的通信信道。广播、电视是典型的点对多点通信，这种通信的信道是公用的，发布信息的一方只需将信息通过公共信道传播出去，接收信息的任何一方可根据需要有选择地接收信息。现代通信需要任意时刻任意地点之间的多点对多点的通信，因此出现了各种交换系统和网络，网络通信蓬勃发展起来，现代通信系统已经离不开网络。

三、通信系统

通信的根本目的是传输信息。在信息传输过程中所需的一切设备和软硬件技术组成的综合系统称为通信系统。尽管通信系统的种类繁多、形式各异，但最基本的架构就是点对点通信系统。通信原理主要研究点对点通信系统的通信理论、通信方式和通信技术。

（一）信源

信息的发源地，是消息的产生地。信源还包括把各种消息转换成原始电信号（基带信号），完成非电量到电量的转换等功能。根据消息种类的不同，信源可以分为模拟信源和数字信源，日常生活中典型的例子有送话器（话筒）（语音—音频信号）、摄像机（图像—视频信号）和计算机键盘（键盘字符—数字信号）等。

（二）发送设备

发送设备的主要功能是构造适合在信道中传输的信号，使信源信号和信道特性相匹配，

并具有足够大的功率，以满足远距离传输的需要。发送设备的功能比较丰富，包括信号的变换、放大、滤波、调制和编码等。

（三）信道

在无线信道中，信道就是自由空间；在有线信道中，信道可以是双绞线、电缆、波导或光纤等。信道同时也是一个抽象的概念，泛指信号传输的通道。实际信道除了给信号提供通路之外，还会产生各种不利于信号传输的干扰和噪声，但它们可以采用另外一个概念——噪声源来描述，因此这里的信道是一种理想模型。

（四）噪声源

将信道中的干扰和噪声以及分散在通信系统其他各处的噪声集中表示的理想模型。

（五）接收设备

接收设备和发送设备相对应，完成发送设备的逆功能。具体来说，接收设备就是将经过信道传输后到达接收端的信号进行放大、整理，完成解码、解调等反变换，其目的是从受到干扰或减损的接收信号中恢复出正确的原始信息。

（六）信宿

信宿又称为收信者，是信息传输最终到达的目的地，其典型的例子如扬声器和显示器。

1.模拟通信系统

模拟通信系统指在信道中传输模拟信号的通信系统，事实上，除了调制器之外，发送设备还应包含放大、滤波、混频和发射等各个环节，该模型认为这些环节都足够理想，从而不再讨论。调制器的主要功能是把从信源发送出来的基带信号变换成适合在信道中传输的频带信号。解调器的功能与调制器的功能相反。

2.数字通信系统

数字通信系统是利用数字信号来传递信息的通信系统。

（1）数字通信系统模型

数字通信系统模型中各部分的主要功能如下。

信源编码：主要解决数字信号的有效传输问题，又称为有效性编码。对于模拟信号源，信源编码首先要将模拟信号转换成数字信号；如果已经是数字信号源，这一步可以省去。信源编码的另一个重要任务是对数字信号进行数据压缩，设法降低数字信号的数据传输率。数据传输率在通信中直接影响信号的传输带宽，数据传输率越高，所需的传输带宽就越宽。单位传输带宽所能传输的信息量反映了通信的有效性，因此信源编码主要是为了提高通信的有效性。

信道编码：主要解决数字信号传输的抗干扰问题，又称为可靠性编码。通过信源编码输出的数字信号，在传递过程中因为噪声或其他原因可能发生错误而造成误码。为了保证传输正确，尽可能减少出错和误码，信道编码人为地对要传输的信息码元增加一些冗余符号，并让这些符号之间满足一定的数学规律，可使信息传输具有发现错误和纠正错误的能力，从而提高通信的可靠性。

数字调制：数字调制的任务是将数字基带信号经过调制变为适合于信道传输的频带信号（带通信号），其实质就是对数字信号进行频谱搬移的过程。在传输距离不太远且通信容量不太大的某些系统中，也可以直接传输数字基带信号，这时可以省去数字调制的过程。

数字解调：数字解调是数字调制的逆过程，它将频带信号还原为原始的基带信号。

信道解码：信道解码是信道编码的逆过程。

信源解码：信源解码是信源编码的逆过程。

（2）数字通信系统的主要特点

由于计算机技术的突飞猛进，数字通信的发展速度已明显超过模拟通信，成为现代通信技术的主流，这是因为数字通信与模拟通信相比，具有以下优点：

①在传输过程中噪声不积累，抗干扰能力强；

②传输差错可控，通信质量高；

③可以采用现代数字信号处理技术对信息进行加工、处理，易于存储并能灵活地与各种信源综合到一起传输；

④采用集成电路后，通信设备可实现微型化；

⑤易于对传输信息进行加密处理，保密性好。

但是，事物总是一分为二的，数字通信的许多优点都是以比模拟通信占据更宽的系统频带为代价而换取的。以电话通信为例，一路模拟电话通常只占据 4 kHz 带宽，但一路达到同样语音质量的数字电话可能要占据 20 ~ 60 kHz 的带宽，因此数字通信的频带利用率比模拟通信低。数字通信的另一个缺点是对同步的要求高，系统设备比较复杂。但是，随着微电子技术、计算机技术和通信技术的进步和发展，这些缺点正在不断被克服，数字通信的优势将越来越彰显，因此，本书也把重点放在对数字通信原理与技术的介绍上。

3.通信系统的分类

（1）按通信业务分类

按通信业务分，通信系统可分为语音通信和非语音通信。语音通信的电话业务在电信领域一度占主导地位，但现在非语音的数据通信大有后来居上的趋势。非语音业务包括电报、数据、图像和视频等，具体有分组数据业务、计算机通信、数据库检索、电子邮件、电子数据交换、可视图文及会议电视等。它们互相独立，也可以兼容和并存，已经出现的综合业务数字网能使各种业务统一在一个通信网中传输。

（2）按调制方式分类

根据是否进行调制，通信系统可分为基带传输系统和频带传输系统。基带传输是将信源的原始基带信号直接传输，如音频市内电话。频带传输是对各种基带信号调制后再传输的总称。

（3）按传输信号的特征分类

根据信道传输的电信号的种类，通信系统可分为模拟通信系统和数字通信系统。

（4）按传送信号的复用方式分类

同一信道上传送多路信号要依靠复用方式。常用的复用方式有频分复用、时分复用、码分复用和波分复用等。其中，频分复用主要用于传统的载波通信，时分复用广泛用于数字微波通信和移动通信，码分复用主要用于扩频通信和数字移动通信，波分复用主要用于光纤通信。卫星通信中还有空分复用等方式。

（5）按传输媒质分类

传输媒质指的是通信系统收、发两端之间的物理路径。根据媒质的种类，通信系统可分为有线通信系统和无线通信系统。有线通信系统包括载波、电缆和光纤通信系统；无线通信系统有调幅/调频广播、电视、移动通信、空间遥测、雷达导航、微波中继和卫星通信系统等。

第二节 信息与信息的量度

一、信息与信号

在日常生活中，人们经常会用到信息、信号和消息等不同的名词概念。在许多场合，这些概念被互相替换和混用，一般人并不去深究其中的差别。但严格地讲，这三个概念各有其不同的内涵和外延。为便于读者更好地理解通信原理的基本内容，有必要对它们之间的区别和联系进行探讨。

消息（Message）：通信过程中被传输的具体内容，但只是一种泛指，是一个总体的概念。消息有多种形式，如语音、图像、视频、数据、文字、图片和符号等。消息中包含的对受信者真正有用的内容才是信息。

信息（Information）：一个抽象的概念，是指消息中对受信者有意义的内容，或者是对受信者来说未知的那些内容。广义的信息是任何事物的运动状态以及运动状态的变化，它是一种客观存在，与人们主观的感受无关。狭义的信息是指信息接收主体所感觉到并能够被理解的东西。按照信息论的奠基人香农(Shannon)的解释，信息就是"不确定性的减少"。和物质、能量一样，信息已被公认为人类社会生存与发展的不可缺少的第三类资源。

信息论是运用概率论与数理统计的方法研究信息、信息熵、通信系统、数据传输、密码学、数据压缩等问题的应用数学学科。信息论将信息的传递作为一种统计现象来考虑，给出了估算通信信道容量的方法。信息传输和信息压缩是信息论研究中的两大领域。这两个方面又由信息传输定理、信源－信道隔离定理相互联系。

香农被称为"信息论之父"。人们通常将香农于 1948 年 10 月发表在《贝尔系统技术学报》上的论文《通信的数学理论》（*AM athematical Theory of Communication*）作为现代信息论研究的开端。这一文章部分基于哈里·奈奎斯特和拉尔夫·哈特利先前的成果。在该文中，香农给出了信息熵（以下简称为"熵"）的定义：$H=-\sum p_i \log p_i$。这一定义可以用来推算传递经二进制编码后的原信息所需的信道带宽。熵度量的是消息中所含的信息量，其中去除了由消息的固有结构所决定的部分，比如，语言结构的冗余性以及语言中字母、词的使用频度等统计特性。信息论中熵的概念与物理学中的热力学熵有着紧密的联系。玻耳兹曼与吉布斯在统计物理学中对熵做了很多的工作。信息论中的熵也正是受之启发。

互信息（Mutual Information）是另一有用的信息度量，它是指两个事件集合之间的相关性。两个事件 X 和 Y 的互信息定义为 $I(X, Y)=H(X)+H(Y)-H(X, Y)$，其中 $H(X, Y)$ 是联合熵（Joint Entropy），其定义为 $H(X, Y)=-\sum p(x, y)\log p(x, y)$。互信息与多元对数似然比检验以及皮尔森 χ^2 校验有着密切的联系。信息论是一门用数理统计方法来研究信息的度量、传递和变换规律的科学。它主要是研究通信和控制系统中普遍存在着的信息传递的共同规律以及研究最佳解决信息的获限、度量、变换、储存和传递等问题的基础理论。信息论的研究范围极为广阔。一般把信息论分成三种类型：

①狭义信息论是一门应用数理统计方法来研究信息处理和信息传递的科学，它研究通信和控制系统中普遍存在着的信息传递的共同规律，以及如何提高各信息传输系统的有效性和可靠性的一门通信理论；

②一般信息论主要是研究通信问题，但还包括噪声理论、信号滤波与预测、调制与信息处理等问题；

③广义信息论不仅包括狭义信息论和一般信息论的问题，而且包括所有与信息有关的领域，如心理学、语言学、神经心理学、语义学等。

信息就是一种消息，它与通信问题密切相关。1984 年贝尔研究所的香农在题为《通信的数学理论》的论文中系统地提出了关于信息的论述，创立了信息论。维纳提出的关于度量信息量的数学公式开辟了信息论的广泛应用前景。1951 年美国无线电工程学会承认信息论这门学科，此后信息论得到迅速发展。20世纪50年代是信息论向各门学科冲击的时期，60年代信息论不是重大的创新时期，而是一个消化、理解的时期，是在已有的基础上进行重大建设的时期，其研究重点是信息和信源编码问题。到了70年代，由于数字计算机的广泛应用，通信系统的能力也有很大提高，如何更有效地利用和处理信息，成为日益迫切的问题。人们越来越认识到信息的重要性，认识到信息可以作为与材料和能源一样的资源而加以充分利用和共享。信息的概念和方法已广泛渗透到各个科学领域，它迫切要求突破香农信息论的狭隘范围，以便使它能成为人类各种活动中所碰到的信息问题的基础理论，从而推动其他许多新兴学科进一步发展。目前，人们已把早先建立的有关信息的规律与理论广泛应用于物理学、化学、生物学等学科。一门研究信息的产生、获取、变换、传输、存储、处理、显示、识别和利用的信息科学正在形成。

信息科学是人们在对信息的认识与利用不断扩大的过程中，在信息论、电子学、计算机科学、人工智能、系统工程学、自动化技术等多学科基础上发展起来的一门边缘性新学科。它的任务主要是研究信息的性质，研究机器、生物和人类关于各种信息的获取、变换、传输、处理、利用和控制的一般规律，设计和研制各种信息机器和控制设备，实现操作自动化，以便尽可能地把人脑从自然力的束缚下解放出来，提高人类认识世界和改造世界的能力。另外，信息科学在安全问题的研究中也有着重要应用。

信号(Signal)承载消息的物理载体，或者说是消息的具体传输形式。在现代通信系统中，信号通常以电流或电压形式的电信号（光信号也常常被转换成电信号）呈现，因此可以用数学表达式来进行描述。当信号为时间的连续函数时，称这种信号为模拟信号；当信号只在离散的时间点上有值，并且这些取值都被数字化编码时，称它们为数字信号。

在接下来的讨论中，先对信息和信息的量度给出严格的定义和计算方法，以便后面阐述通信的基本原理时，可以以具体的信号作为分析研究的对象，读者应根据上下文去领会这些概念在文中的确切含义。

二、信息的量度

通过前面的介绍已知，信源发出来的是消息，而对于受信者来说，只有信息才是有用的东西。因此，如何来界定通信的意义和价值，其实质就是如何来衡量受信者在通信中获得的信息的多少。如同运输货物的多少需要采用"货运量"来描述一样，对信息传输的多少也需要一个能够定量计算的度量单位，这就是"信息量"的概念。

经验告诉人们，实际生活中某个事件是否会发生常常是不确定的，发生的可能性有大有小。对于发生可能性大的事件，在这类事件出现后，人们一点都不感到惊奇；相反，对于发生可能性极小的某个事件，一旦它真的出现了，人们会感到十分惊奇。为何会有如此大的差别呢？因为，在后一种情况下，人们得到很多信息，而在前一种情况下，人们未得到多少信息。

事件的不确定程度可以用其发生的概率来描述。某一消息发生的概率越小，它所包含的信息量越大。反之，某一消息发生的概率越大，它所包含的信息量就越小。一个众所周知的消息，或者说，一个完全确定的事件，其信息量等于零。因此，信息量应该是消息发生概率的单调递减函数。如果收到的不只是一个消息，而是若干互相独立的消息，则总的信息量应该是每个消息的信息量之和，这就意味着信息量还应满足相加性的条件。

第三节　信道与信道的容量

信道，顾名思义，是指以传输媒质为基础的信号通路。通常，将仅指信号传输媒质的信道称为狭义信道。按媒质的不同，狭义信道通常可分为有线信道和无线信道。所谓有线信道，是指传输媒质为双绞线、对称电缆、同轴电缆、光缆及波导等一类具体的物理媒质。无线信道则是肉眼看不到的媒质，它泛指能够传播电磁波的各种空间，包括地球表面、短波电离层反射、对流层散射和地球外的深空空间等。无线信道的传输特性比较复杂，没有有线信道稳定和可靠，但无线信道具有方便和灵活等特点。现代通信系统为了实现任何地点、任何时间的可移动通信，无线信道已经成为人类非常重要的通信媒质。

从研究信息传输的观点看，人们所关心的只是通信系统中的基本问题，因而可以根据所研究的问题将信道的范围扩大。除了传输媒质外，还可以包括有关的传输部件和电路，如天线、馈线、调制器、解调器、混频器和功率放大器等。这种扩大了范围的信道称为广义信道。在讨论通信的一般原理时，常采用广义信道的概念。

广义信道也可分成两种：调制信道和编码信道。调制信道从研究调制与解调的基本问题出发，它所指的范围是从调制器输出端到解调器输入端，在数字通信系统中，如果仅着眼于研究编码和译码问题，则可得到另一种广义信道。这是因为，从编码和译码的角度看，编码器的输出是某一数字序列，而译码器输入同样也是一数字序列，它们在一般情况下是同一类的数字序列。因此，从编码器输出端到译码器输入端的所有转换器及传输媒质可以看作是一种广义信道，这种广义信道称为编码信道。由于编码信道的输入和输出都是数字信号，因此编码信道又称为数字信道。

一、信道的数学模型

在通信系统的理论研究中，为了分析信道的一般特性及其对信号传输的影响，为实际的物理信道建立一个合理的数学模型是十分必要的。信道的数学模型的建立基于对物理信道的机理分析、实验测量和对测试数据的统计分析。下面我们分别简要描述上述两种广义信道的数学模型。

（一）调制信道模型

在具有调制和解调过程的任何一种通信方式中，调制器输出的已调信号随即被送入调制信道。如果仅仅为了研究调制与解调的性能，只需关心已调信号通过调制信道后的最终结果，而无须关心信号在调制信道中做了什么。因此，可以用一个输出端叠加有噪声的时变线性网络来表示调制信道。

有的信道却不然，它们是随机快速变化的，如短波电离层反射、超短波流星余迹散射、超短波与微波对流层散射等传输媒质构成的信道，这种信道的乘性干扰（噪声与信号相乘，无输入信息时也无噪声）是随机变化的，因此称为随参信道。随参信道的特性比恒参信道要复杂得多，对信号的影响也要严重得多，其根本原因在于它包含一个复杂的传输媒质。该传输煤质的主要特征：

①对信号的衰耗随时间变化而变化；

②对信号的延迟随时间变化而变化；

③存在多径传播现象。

加性干扰又叫加性噪声，按照它的来源，通常可分为三类：人为噪声、自然噪声和内部噪声。人为噪声来源于与通信信号无关的其他信号源，如工业电火花、附近的电台等；自然噪声指自然界存在的各种电磁波源，如闪电、雷暴及其他各种宇宙噪声；内部噪声是通信系统设备本身产生的各种噪声，如电子元器件的热噪声、散弹噪声和电源噪声等。从对通信的影响来看，加性噪声也可按性质分为三类，即单频噪声、脉冲噪声和起伏噪声。单频噪声是一种连续波噪声，它的频率可以通过测量予以确定，一般只要采取适当的措施即可加以防止；脉冲噪声是一种突发的噪声，发生时强度大，很难通过调制技术去消除，好在它的持续时间很短；起伏噪声主要包括电子元器件的热噪声、散弹噪声和宇宙噪声，它普遍存在而且对通信过程有持续不断的影响，是在通信原理中需要研究的基本对象，同时，它也是一种加性高斯白噪。

（二）编码信道模型

编码信道是包括调制信道及调制器、解调器在内的信道。它与调制信道模型不同，对信号的影响只是一种数字序列的变换，即把一种数字序列变成另一种数字序列。

由于编码信道包含调制信道，因而它同样要受到调制信道的影响。但是，从编译码的角度看，这个影响反映在解调器的输出数字序列中，即输出数字序列以某种概率发生差错。调制信道性能越差，或加性噪声越严重，则发生错误的概率就会越大。因此，编码信道的模型可用数字信号的转移概率来描述。

一个特定的编码信道，就会有相应确定的转移概率。编码信道的转移概率一般需要对实际编码信道做大量的统计分析才能得到。编码信道还可细分为无记忆编码信道和有记忆编码信道。有记忆编码信道是指信道中码元发生差错的事件不是独立的，即当前码元的差错与其前后码元的差错是有联系的。在此情况下，编码信道的模型要复杂得多，在此不予讨论。

二、信道容量

信道容量指信道能无错误传送的最大信息率。对于只有一个信源和一个信宿的单用户信道，它是一个数，单位是 bit/s。它代表每秒或每个信道符号能传送的最大信息量，或者说小于这个数的信息率必能在此信道中无错误地传送。对于多用户信道，当信源和信宿都是两个时，它是平面上的一条封闭线，如图 2-1 中的 OC_1ABC_2O。坐标 R_1 和 R_2 分别是两个信源所能传送的信息率，也就是说 R_1 和 R_2 落在这封闭线内部时能无错误地被传送。当有 m 个信源和信宿时，信道容量将是空间中一个凸区域的外界"面"。

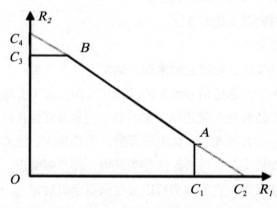

图 2-1　信源与信宿封闭线示意图

信息论不研究信号在信道中传输的物理过程，它假定信道的传输特性是已知的，这样信道就可以用抽象的数学模型来描述。在信息论中，信道通常表示成 $\{X, P(Y \mid X), Y\}$，即信道输入随机变量 X、输出随机变量 Y 以及在输入已知的情况下，输出的条件概率分布为 $P(Y \mid X)$。

根据信道的统计特性是否随时间变化分为：恒参信道和随参信道。恒参信道（平稳信道）：信道的统计特性不随时间变化，如卫星通信信道在某种意义上可以近似为恒参信道。

随参信道（非平稳信道）：信道的统计特性随时间变化，如短波通信中，其信道可看成随参信道。信道容量是信道的一个参数，反映了信道所能传输的最大信息量，其大小与信源无关。对不同的输入概率分布，互信息（交互信息量）一定存在最大值。我们将这个最大值定义为信道的容量。一旦转移概率矩阵确定以后，信道容量也就完全确定了。尽管信道容量的定义涉及输入概率分布，但信道容量的数值与输入概率分布无关。我们将不同的输入概率分布称为试验信源，对不同的试验信源，互信息也不同。其中必有一个试验信源使互信息达到最大。这个最大值就是信道容量。信道容量有时也表示为单位时间内可传输的二进制位的位数（称信道的数据传输速率，位速率），以位／秒（b/s）形式予以表示，简记为 bps。

通信的目的是为了获得信息，为度量信息的多少（信息量），我们用到了熵这个概念。在信号通过信道传输的过程中，我们涉及两个熵：发射端处信源熵，即发端信源的不确定度；接收端处在接收信号条件下的发端信源熵，即在接收信号条件下发端信源的不确定度。接收到了信号，不确定度小了，我们也就在一定程度上消除了发端信源的不确定性，也就在一定程度上获得了发端信源的信息，这部分信息的获取是通过信道传输信号带来的。如果在通信的过程中熵不能够减小（不确定度减小）的话，也就没有通信的必要了。最理想的情况是在接收信号条件下信源熵变为 0（不确定度完全消失），这时，发端信息完全得到。

通信信道的发端为 X，收端为 Y。从信息传输的角度看，通过信道传输了 $I(X;Y)$ $=H(X)-H(X|Y)$（接收 Y 前后对于 X 的不确定度的变化）。I 值与两个概率有关：即 $p(x)$，$p(y|x)$。特定信道转移概率一定，那么在所有 $p(x)$ 分布中，$\max I(X;Y)$ 就是该信道的信道容量 C（互信息的上凸性）。

（一）单用户信道容量

信道是由输入集 A、输出集 B 和条件概率 $P(y\mid x)$，$y\in B$，$x\in A$ 所规定的。当 B 是离散集时，归一性要求就是 $\sum\limits_{y\in B}p(y|x)=1$。当 B 是连续集时，$P(y\mid x)$ 应理解为条件概率密度，上式就成为积分形式。若 A 和 B 都是离散集，信道所传送的信息率（每符号）就是输出符号和输入符号之间的互信息。

$$I(x;y)=\sum_{x\in A}\sum_{y\in B}p(x)p(y|x)\log\frac{p(y|x)}{\sum\limits_{x\in A}p(x)p(y|x)}$$

互信息与 $P(y\mid x)$ 有关，也与输入符号的概率 $P(x)$ 有关，后者可由改变编码器来变动。若能改变 $P(x)$ 使 $I(X;Y)$ 最大，就能充分利用信道传输信息的能力，这个最大值就称为单用户信道容量 C，

即 $C = \max I(x;y) = \max \sum \sum p(x)p(y|x) \times \log \dfrac{p(y|x)}{\sum\limits_{x \in A} p(x)p(y|x)}$,

$p(x) \in B \quad x \in A \quad y \in B$

式中 $\sum$ 为所有允许的输入符号概率分布的集。当 A 或 B 是连续集时,相应的概率应理解为概率密度,求和号应改为积分,其他都相仿。

(二)多用户信道容量

多用户信道容量问题要复杂一些。以二址接入信道为例,这种信道有两个输入 $X_2 \in A_1$ 和 $X_2 \in A_2$,分别与两个信源联结,发送信息率分别为 R_1 和 R_2;有一个输出 Y,用它去提取这两个信源的信息。若信道的条件概率为 $P(y \mid x_1, x_2)$,

$$R_1 \leqslant \max_{P_1(x_1) \in E_1, P_2(x_2) \in E_2} I(X_2;Y|X_2) = C_1;$$

$$R_2 \leqslant \max_{P_1(x_1) \in E_1, P_2(x_2) \in E_2} I(X_2;Y|X_1) = C_2;$$

$$R_2 + R_2 \leqslant \max_{P_1(x_1) \in E_1, P_2(x_2) \in E_2} I(X_2,X_2;Y) = C_1。$$

$I(X_1; Y \mid X_2)$ 为条件互信息,就是当 X_2 已知时从 Y 中获得的关于 X_1 的信息;$I(X_2; Y \mid X_1)$ 的意义相仿;$I(X_1, X_2; Y)$ 为无条件互信息,就是从 Y 中获得的关于 X_1 和 X_2 的信息。E_1 和 E_2 分别为所有允许的输入符号的概率分布 $P_1(x_1)$ 和 $P_2(x_2)$ 的集。

当 X_1 和 X_2 相互独立时,这些条件互信息要比相应的无条件互信息大,因此两个信息率 R_1 和 R_2 的上界必为上面三个式子所限制。若调整 $P_1(x_1)$ 和 $P_2(x_2)$ 能使这些互信息都达到最大,就得到式中的 C_1,C_2,C_0,有 $C_1+C_2 \geqslant C_0 \geqslant \max(C_1, C_2)$。因此 R_1 和 R_2 的范围将如图中的一个截角四边形区域,其外围封闭线就是二址接入信道的容量上界。多址接入信道有类似的结果。

要使信道容量有确切的含义,尚须证明相应的编码定理,就是说当信息率低于信道容量时必存在一种编码方法,使之在信道中传输而不发生错误或错误可任意逼近于零。已经过严格证明的只有无记忆单用户信道和多用户信道中的某些多址接入信道和退化型广播信道。对某些有记忆信道,只能得到容量的上界和下界,确切容量尚不易规定。

(三)信道容量计算思路

为了评价实际信道的利用率,应具体计算已给信道的容量,这是一个求最大值的问题。由于互信息对输入符号概率而言是凸函数,其极值将为最大值,因此这也就是求极值的问题。

（四）信道和高斯信道

对于其他信道的容量计算曾提出过一些方法，但都有较多的限制。比较通用的解法是迭代计算，可借助计算机得到较精确的结果。

对于连续信道，只需把输入集和输出集离散化，就仍可用迭代公式来计算。当然如此形成的离散集，包含的元的数目越多，精度越高，计算将越繁。对于信息论中的其他量，如信息率失真函数、可靠性函数等，都可以用类似的方法得到的各种迭代公式来计算。

（五）信道容量定理

求信道容量的问题实际上是在约束条件下求多元函数极值的问题，在通常情况下，计算量是非常大的。下面我们介绍一般离散信道的平均互信息达到信道容量的充要条件，在某些情况下它可以帮助我们较快地找到极值点。

设有一般离散信道，它有 r 个输入信号，s 个输出信号。当且仅当存在常数 C 使输入分布 $P(x_i)$ 满足：

（1）$I(x_1;Y) = C$ 当 $P(x_i) \neq 0$

（2）$I(x_1;Y) \leqslant C$ 当 $P(x_i) = 0$

时，$I(X_i;Y)$ 达到最大值。其中，$I(x_i;Y) = \sum_j P(y_i|x_i) \log \dfrac{P(y_i|x_i)}{P(y_i)}$ 表示信道输入 x_i 时，所给出关于输出 Y 的信息量。常数 C 即为所求的信道容量。

信道容量定理只给出了达到信道容量时，最佳输入概率分布应满足的条件，并没有给出最佳输入概率分布值，也没有给出信道容量的数值。另外，定理本身也隐含着达到信道容量的最佳分布不一定是唯一的，只要输入概率分布满足充要条件，就是信道的最佳输入分布。在一些特殊情况下，我们常常利用这一定理寻求输入分布和信道容量值。

（六）信道容量计算公式

香农定理指出，如果信息源的信息速率 R 小于或者等于信道容量 C，那么，在理论上存在一种方法可使信息源的输出能够以任意小的差错概率通过信道传输。该定理还指出，如果 R>C，则没有任何办法传递这样的信息，或者说传递这样的二进制信息的差错率为 1/2。香农提出并严格证明了"在被高斯白噪声干扰的信道中，传送的最大信息速率 C"由下述公式确定：$C = B \times \log_2 (1+S/N)$（bit/s）。该式通常称为香农公式。其中，B 为信道带宽，单位为 Baud；S 是信号功率（瓦），N 是噪声功率（瓦）。香农公式中的 S/N 为信号与噪声的功率之比，为无量纲单位。例如：S/N=1000（即信号功率是噪声功率的 1000 倍）。但是，当讨论信噪比时，常以分贝（dB）为单位。公式如下：SNR（信噪比，单位为 dB）=$10\lg(S/N)$。换算一下：$S/N = 10^{SNR/10}$。公式表明，信道带宽限制了比特率的增加，信道容量还取决于系统信噪比以及编码技术种类。

（七）离散多符号信道及其信道容量

实际离散信道的输入和输出常常是随机变量序列，用随机矢量来表示，称为离散多符号信道。若在任意时刻信道的输出只与此时刻信道的输入有关，而与其他时刻的输入和输出无关，则称之为离散无记忆信道，简称 DMC（Discrete Memoryless Channel）。输入、输出随机序列的长度为 N 的离散无记忆平稳信道通常称为离散无记忆信道的 N 次扩展信道。对于离散无记忆 N 次扩展信道，当信源是平稳无记忆信源时，其平均互信息等于单符号信道的平均互信息的 N 倍。当信源也是无记忆信源并且每一时刻的输入分布各自达到最佳输入分布时，才能达到这个信道容量 NC。

（八）组合信道及其信道容量

前面我们分析了单符号离散信道和离散无记忆信道的扩展信道，实际应用中常常会遇到两个或更多个信道组合在一起使用的情况。例如，待发送的消息比较多时，可能要用两个或更多个信道并行发送，这种组合信道称为并联信道；有时消息会依次地通过几个信道串联发送，如无线电中继信道、数据处理系统等，这种组合信道称为级联信道。在研究较复杂信道时，为使问题简化，往往可以将它们分解成几个简单的信道的组合。

（九）独立并联信道的信道容量才等于各信道容量之和

级联信道是信道最基本的组合形式，许多实际信道都可以看成是其组成信道的级联。两个单符号信道组成的最简单的级联信道 $X \rightarrow Y \rightarrow Z$ 组成一个马尔可夫链。根据马尔可夫链的性质，级联信道的总的信道矩阵等于这两个串接信道的信道矩阵的乘积。求得级联信道的总的信道矩阵后，级联信道的信道容量就可以用求离散单符号信道的信道容量的方法计算。

第四节　通信系统的主要性能指标

一、通信系统的主要性能指标

通信系统的主要性能指标是传输信息的有效性和可靠性。有效性指传输一定的信息量所消耗的信道资源的多少，信道的资源包括信道的带宽和时间；而可靠性是指传输信息的准确程度。有效性和可靠性始终是相互矛盾的。在一定可靠性指标下，尽量提高消息的传输速率；或在一定有效性条件下，使消息的传输质量尽可能提高。根据香农公式，在信道容量一定时，可靠性和有效性之间可以彼此互换。

通信系统的两个主要性能指标中，有效性主要指消息传输的"速度"问题；可靠性主要指消息传输的"质量"问题。这是两个相互矛盾的问题，通常只能依据实际要求取得相对统一。在满足一定可靠性指标下，尽量提高消息的传输速度；或者在维持一定有效性指标下，尽可能提高消息的传输质量。模拟通信中还有一个重要的性能指标，即均方误差。它是衡量发送的模拟信号与接收端还原的模拟信号之间误差程度的质量指标。均方误差越小，还原的信号越逼真。模拟通信中误差的产生有两个原因：一是信道传输特性不理想，由此产生的误差称为乘性干扰产生的误差，这种干扰会随着信号的消失而消失；二是由于信号在传输时叠加在信道上的噪声，由此产生的误差称为加性干扰产生的误差，这种干扰不管信号有无、强弱始终都会存在。对于加性干扰产生的误差通常用信噪比这一指标来衡量，信噪比是指接收端的输出信号的平均功率与噪声平均功率之比。在相同的条件下，某个系统的输出信噪比越高，则该系统的通信质量越好，表明该系统抗信道噪声的能力越强。

通信系统的主要性能指标也称主要质量指标，从整个系统综合考虑，大致有以下几个方面。

①有效性：通信系统传输消息的"速率"问题，即快慢问题；

②可靠性：通信系统传输消息的"质量"问题，即好坏问题；

③适应性：通信系统适用的环境条件；

④经济性：通信系统的建设成本，是否维修方便；

⑤保密性：系统的保密性，这点对军用系统尤为重要；

⑥接口标准：系统的接口、各种结构及协议是否合乎国家、国际标准；

⑦工艺性：系统的各种工艺要求。

通信的主要任务是快速、准确地传递信息。因此，从研究消息传输的角度来说，有效性和可靠性是评价通信系统优劣最主要的两大性能指标，也是通信技术讨论的重点。至于其他指标，如工艺性、经济性和适应性等不属本书研究范围。

二、数字通信系统的性能指标

在数字通信系统中，常用时间间隔相同的符号来表示一位二进制数字。这个时间间隔称为码元长度，这个时间间隔内的信号称为二进制码元。同样，N进制的信号也是等长的，被称为N进制码元。数字通信系统有两个主要的性能指标：传输速率和差错率。

（一）传输速率

通常是以码元传输速率来衡量。码元传输速率（BR）又称为码元速率，它是指每秒钟传送的码元的数量，单位为"波特（B）"。

例：某系统每秒钟传送 2400 个码元，则该系统的码元速率 BR 为 2400B。码元传输速率又叫调制速率。它表示信号调制过程中，1 秒内调制信号（码元）变换的次数。

（二）差错率

差错率主要有两种表述方法：误码率和误信率。

1. 误码率

误码率是在传输过程中发生误码的码元个数与传输的总码元数之比，它表示码元在传输系统中被传错的概率，通常以 EP 来表示：$EP=$ 错误接收的码元个数 / 传输码元的总数。

误码率 EP 是指某一段时间内的平均误码率。对于同一条通信线路，由于测量的时间长短不同，误码率也不一样。在测量时间长短相同时，测量时间的分布不同，如上午和下午，它们的测量结果也不相同。因此，在对通信系统进行差错率测试时，应取较长时间的平均误码率。

2. 误信率

误信率是指错误接收的信息量在传送信息总量中所占的比例，它是码元的信息量在传输系统中被丢失的概率，通常以 BP 来表示，即 $BP=$ 传错的比特数 / 传输的总比特数。

第五节　随机信号分析基础

一、随机现象

在自然科学的研究中，人们对自然现象进行观察后得出，自然现象可分为确定现象和随机现象两类。确定现象是在一定条件下必然发生或必然不发生的现象，如上抛的石子必然会下落、异性电荷必然相互吸引等。随机现象是指只知道各种可能发生的结果，但无法准确判定哪一个结果将发生，如某城市每天出生的人口数量、某工厂每天产品的合格率、股市的行情等。

随机现象有两个主要特点：个别试验的不确定性和大量试验结果的统计规律性。概率论和数理统计是描述和研究随机现象统计规律性的数学学科，它们研究大量随机现象内在的统计规律、建立随机现象的物理模型并预测随机现象将要产生的结果。在信息与通信系统中，随机现象更是大量存在，主要表现在信号、噪声、信道和通信业务这些物理对象中，如信源中的数字信号、信道噪声干扰、接收检测、通信流量等。

实际通信系统用于表示信息的信号不可能是单一的、确定的，而应该是各种不同的信号。信息就包含于出现的这种或那种信号之中。例如，二元信息需用两种信号表示，具体出现哪个信号是随机的，不可能准确预测（若能预测，则无须通信了），我们称这种具有随机性的信号为随机信号。

通信系统中存在各种干扰和噪声，这些干扰和噪声的波形更是各式各样的、随机的、不可预测的，我们称其为随机干扰或随机噪声。尽管随机信号和随机干扰（噪声）取何种波形是不可预测的、随机的，但它们具有统计规律性。研究随机信号和随机干扰统计规律性的数学工具是随机过程理论，随机过程是随机信号和随机干扰的数学模型。

二、随机信号概述

（一）随机信号的基本概念

不失一般性，这里的信号是指含有一定信息的时间函数，记为 $x(t)$ 或 $x(n)$。根据信号随时间变化的规律不同，一般又可将信号分为确定性信号和随机信号两大类。如果信号随时间的变化是有规律的，该规律不随信号的观察者、观测时间、观测地点的变化而变化，这类信号我们称之为确定性信号，确定性信号可以用明确的数学关系式或图表来描述。

但实际信号的变化规律总是具有某些随机因素的，例如心电信号探测中，记录下来的信号受到人体噪声、机器热噪声的干扰，这些干扰在不同的观测时间、观测地点都会有不同结果，有明显的随机性。实际上现实世界中真正完全确定的信号是很难找到的，因为客观事物总是在不断地变化和运动着。许多实际信号的变化没有确定的规律，这类信号称之为随机信号。在实际应用中，随机信号是非常普遍的，如语音信号、心电信号、脑电信号、导航与许多控制系统中遇到的各种噪声干扰信号等。随着科学技术的发展，随机信号的分析与处理已越来越多地引起了广大研究者的注意和重视，并已广泛地应用到许多领域中，如语音信号处理、生物医学工程、自动控制、机械振动、通信、水声、雷达信号处理等。特别要指出的是，确定性信号和随机信号之间不存在非此即彼的关系。信号是客观存在，当研究信号的角度不同时，产生的是确定性信号还是随机信号是有区别的。例如，在心电信号检测中，由于干扰的随机性，检测信号具有一定的随机性，但对于一个已经记录下来的信号，因为信号的取值和时间有明确的对应关系，可认为是确定性信号。当从更一般意义去考察信号时，可认为信号是随机信号。

（二）随机信号的分类

随机信号的分类有多种方法，根据不同分类依据可将其分为不同的类别，归纳起来，主要有以下几大类：

①按时间变量的取值来划分，可将随机信号分为时间连续随机信号（时间 t 是连续的）及时间离散随机信号（时间 t 是离散的），有时又称时间离散随机信号为时间序列；

②按信号 $X(t)$ 的取值来划分，可分为取值离散的随机信号（$X(t)$ 取值离散）及取值连续（$X(t)$ 取值连续）的随机信号；

③按信号 $X(t)$ 取值是实数还是复数来划分，可分为实随机信号及复随机信号；

④按信号分量的维数来划分，可分为一维随机信号及多维随机信号。

三、随机信号的概率结构

由于随机信号是随机变量的时间函数，因此数学上可以用概率论描述随机信号。概率论描述随机变量主要有两个方面，一个是随机变量的概率密度与概率分布特性，另一个是其均值及各阶矩特性。

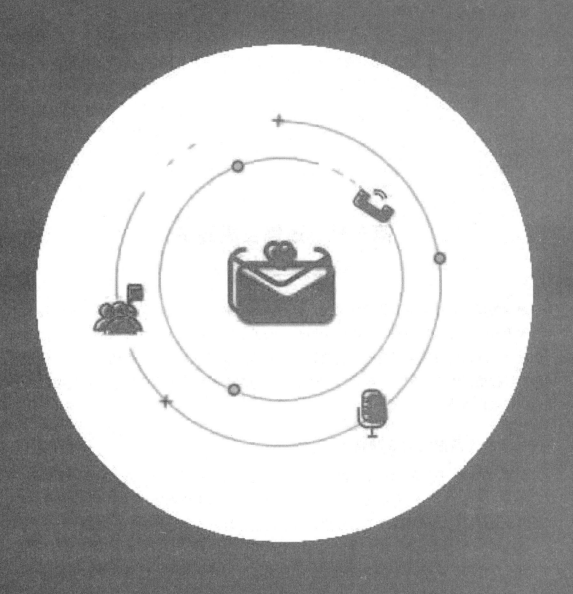

第三章

通信的历史演进和应用

第一节 通信发展简史

通信的发展和社会生活的变化以及人类社会的发展有着极为密切的关系。通信技术在不断改善人们生活质量的同时，也深刻地改变着人们的生产和生活方式，推动人类社会向前迈进。从通信的发展可以看到社会的发展，通信的发展也表明了社会的进步。通信发展的历史过程虽然没有明确的界限，但大致可以分为四个阶段，即古代通信、近代通信、现代通信和未来通信。

一、古代通信的方式和特点

在远古时候，我们的祖先就已经能够在一定范围内借助于呼叫、打手势或采取以物示意的办法来相互传递一些简单的信息，至今在我们的生活中仍然能找到这些方式的影子，如旗语（通过各色旗子的舞动）、号角、击鼓传信、灯塔、船上使用的信号旗、喇叭、风筝、漂流瓶、信号树、信鸽和信猴、马拉松长跑项目等。

我国是世界上最早建立有组织的传递信息系统的国家之一。驿传是早期有组织的通信方式，就是通过骑马接力送信的方法，将文书一个驿站接一个驿站地传递下去。驿站是古代接待传递公文的差役和来访官员途中休息、换马的处所，它在我国古代运输中有着重要的地位和作用，在通信手段十分原始的情况下，担负着政治、经济、文化、军事等方面的信息传递任务。位于中国信息文化的发源地之一的嘉峪关，其火车站广场的"驿使"雕塑，手举简牍文书，驿马四足腾空，速度飞快，就是对当时驿传的形象描绘。发展到宋代时，所有的传送公文和书信的机构被总称为"递"，并出现了"急递铺"。急递的驿骑马颈上系有铜铃，在道上奔驰时，白天鸣铃，夜间举火，撞死人不负责。铺铺换马，数铺换人，风雨无阻，昼夜兼程。南宋初年抗金将领岳飞被宋高宗以十二道金牌从前线强迫召回临安，这类金牌就是急递铺传递的金字牌，含有十万火急的意思。

现在常常用来形容边疆不平静的"狼烟四起"就是古代通信的一种方式。新疆维吾尔自治区库车县克孜尔朵哈的汉代烽火台遗址，为我们展现了距今 2000 多年前我国西北边陲"谨侯望，通烽火"的历史遗迹。

烽火通信作为一种原始的声光通信手段，是通过烽火及时传递军事信息的，远在周代时就服务于军事战争。烽火台的布局十分重要，它分布在高山险岭或峰回路转的地方，而且必须要三个台都能相互望见，以便于看见和传递。从边境到国都以及边防线上，每隔一定距离就筑起一座烽火台，台上有桔槔，桔槔头上有装着柴草的笼子，敌人入侵时，烽火台一个接一个地燃放烟火传递警报，一直传到军营。每逢夜间预警，守台人点燃笼中柴草并把它举高，靠火光给邻台传递信息，称为"烽"；白天预警则点燃台上积存的薪草，以烟示急，称为"燧"。古人为了使烟直而不弯，以便远远就能望见，还常以狼粪代替薪草，所以又别称"狼烟"。

为了报告敌兵来犯的多少，采用了以燃烟、举火数目的多少来加以区别。各路诸侯见到烽火，马上派兵相助，抵抗敌人。古人也常常利用动物通信，如信鸽传书、鸿雁传书、鱼传尺素、青鸟传书、黄耳传书等就是古人利用动物通信的最好典范。有"会飞的邮递员"美称的鸽子，是人们使用最广泛的动物。同鸿雁传书一样，鱼传尺素也被认为是邮政通信的象征。在我国古诗文中，鱼被看作传递书信的使者，并用"鱼素""鱼书""鲤鱼""双鲤"等作为书信的代称。古时候，人们常用一尺长的绢帛写信，故书信又被称为"尺素"。捎带书信时，常将尺素结成两条鲤鱼的样子，故称双鲤。书信和"鱼"的关系，其实在唐朝以前就有了。在东汉蔡伦发明造纸术之前，没有现在的信封，写有书信的竹简、木牍或尺素是夹在两块木板里的，而这两块木板被刻成了鲤鱼的形状，两块鲤鱼形木板合在一起，用绳子在木板上的三道线槽内捆绕三圈，再穿过一个方孔缚住，在打结的地方用极细的黏土封好，然后在黏土上盖上玺印，就成了"封泥"，这样可以防止在送信途中信件被私拆。黄耳传书讲的是用一只名为"黄耳"的家犬递送家书的故事，这可以认为是我国第一代狗信使。

除此之外，还有用竹筒传书等方法。古代战争中有将文字写在布上或纸上再装进竹筒里等方式传递信件的方法。

我国古代还有一些传递秘密信息的方法，套格就是其中一种。明文是普普通通的一封信，报平安或老友叙旧之类，可以公开。解密是用一张同样大小的纸，在纸上面的不同位置挖洞，覆盖到原信上，读从洞里暴露出的字就是另外有含义的秘密信息。类似的通信方式还有藏头诗等。

古代通信的方式虽然非常简单，非常原始，但它同近代战争时期所用的五光十色的信号弹、信号灯光等以及现代复杂的军事通信具有同样重要的作用，它基本上满足了当时人们的生活需要，但它和不断发展的社会对通信的需求产生了越来越严重的矛盾。随着火药的问世和内燃机的诞生，人类从农业时代开始跨入工业时代，也拉开了近代通信的序幕。

二、近代通信的方式和特点

进入 19 世纪之后，人类在科学技术上取得了一系列重大进展。1814 年 7 月 25 日，由斯蒂芬生制造的第一台火车开始运行；1819 年，美国的"萨凡纳号"轮船横越大西洋成功，以及 6600 马力（1 马力 =735.499 瓦）东方巨轮的下水等，都标志着一个"高速"时代的到来，近代通信就是在这样的背景下进步的。近代通信的革命性变化，是把电作为信息载体后发生的，电流的发现对通信产生了不可估量的推动作用，引领了以电报、电话的发明为代表的第一次信息技术革命。

（一）电报的发明

19 世纪 30 年代，不少科学家在法拉第电磁感应理论的启发下，开始了利用电来传送信息的试验。俄国外交家希林格和英国青年库克等都相继制造出了电报机。但在众多的电报发明家中，最有名的还要算萨缪尔·莫尔斯，莫尔斯是一名享誉美国的画家。1832 年，莫尔斯开始对电磁学产生浓厚兴趣，1834 年，他利用电流一通一断的原理，发明了用电流的"通"和"断"来编制代表字母和数字的代码，人称"莫尔斯电码"。后来他在助手维尔德的帮助下，制成了举世闻名的莫尔斯电报机。1843 年，在美国国会的赞助下，莫尔斯修建了从华盛顿到巴尔的摩的电报线路，全长 64.4 千米。1844 年 5 月 24 日，在座无虚席的国会大厦里，莫尔斯向巴尔的摩发出了人类历史上的第一份电报："上帝创造了何等的奇迹！"电报是利用架空明线来传送的，所以这是有线通信的开始。电报的发明拉开了电信时代的序幕，由于用电作为载体，信息传递的速度大大加快了。"嘀—嗒"一响（1秒钟），它便可以载着信息绕地球 7 圈半，这是以往任何通信工具所望尘莫及的。

（二）电话的发明

电报传送的是符号，发送一份电报，必须先将报文译成电码，再用电报机发送出去。在收报一方，要经过相反的过程，即先将收到的电码译成报文，然后再送到收报人的手里。这不仅手续麻烦，而且不能及时进行双向信息交流。针对电报的这些不足，永不知倦的科学家们又进行了新的开拓，开始探索一种能直接传送人类声音的通信方式，这就是现在无人不晓的"电话"。

1876 年，亚历山大·格雷厄姆·贝尔利用电磁感应原理发明了电话，预示着个人通信时代的开始。1876 年的 3 月 10 日，贝尔在做实验时不小心将硫酸溅到腿上，他疼痛地呼喊他的助手："沃森先生，快来帮我啊！"谁也没有料到，这句极为普通的话，竟成了人类通过电话传送的第一句话音。当天晚上，贝尔含着热泪，在写给他母亲的信件中预言："朋友们各自留在家里，不用出门也能互相交谈的日子就要到来了！"

1879 年，第一个专用人工电话交换系统投入运行。电话传入我国是在 1881 年，英籍电气技师皮晓浦在上海十六铺沿街架起一对露天电话，花费 36 文钱可通话一次，这是中国的第一部电话。1882 年 2 月，丹麦大北电报公司在上海外滩扬于天路办起我国第一个电话局，用户有 25 家。1889 年，安徽省安庆州候补知州彭名保，自行设计了一部电话，包括自制的五六十种大小零件，成为我国第一部自行设计制造的电话。最初的电话并没有拨号盘，所有的通话都是通过接线员进行，由接线员为通话人接上正确的线路。电话的发明让人们可以随时用附近的电话与等候在另一端的亲友进行可靠、清晰的对话，这一发明的社会价值是不言而喻的，人们开始大规模架设电线，敷设电缆，以求尽可能地扩大通信的范围和覆盖率。

（三）无线通信的兴起

电报和电话的相继发明，使人类获得了远距离传送信息的重要手段。但是，电信号都是通过金属线传送的，线路架设到的地方，信息才能传到，遇到大海、高山，无法架设线路，也就无法传递信息，这就大大限制了信息的传播范围。因此人们又开始探索不受金属线限制的无线通信。

无线通信与早期的电报、电话通信不同，它不是依靠有形的金属导线，而是利用无线电波来传递信息的。那么，谁是无线通信的"报春人"呢？为无线电通信立"头功"的，是著名的英国科学家麦克斯韦。1864 年，麦克斯韦发表了电磁场理论，成为人类历史上第一个预言电磁波存在的人。1887 年，德国物理学家赫兹通过实验证实了电磁波的存在，并得出电磁能量可以越过空间进行传播的结论，这为日后电磁波的广泛应用铺平了道路。但遗憾的是，赫兹却否认将电磁波用于通信的可能性。

麦克斯韦和赫兹等人点燃的火炬，照亮了青年发明家的奋斗之路。1895 年，20 岁的意大利青年马可尼发明了无线电报机。虽然当时的通信距离只有 30 米，但他闯进了赫兹的"禁区"，开创了人类利用电磁波进行通信的历史。1901 年无线电波越过了大西洋，人类首次实现了隔洋远距离无线电通信。两年后，无线电话实验成功。由于在无线电通信上的卓越贡献，1909 年，35 岁的马可尼登上了诺贝尔物理学奖的领奖台。

无线电通信为人类通信开辟了一个潜力巨大的新领域，无线通信领域，用无线电波传播信息不仅极大地降低了有线通信面临的架线成本和覆盖面问题，也使人类通信开始走向无限空间。无线通信在海上通信中获得极大的应用。近一个世纪来，用莫尔斯代码拍发的遇险求救信号"SOS"成了航海者的"保护神"，拯救了不计其数的性命，挽回了巨大的财产损失。例如，1909 年 1 月 23 日，"共和"号轮船与"佛罗里达"号相撞，30 分钟后，"共和"号发出的"SOS"信号被航行在该海域的"波罗的海"号所截获。"波罗的海"号迅速赶到出事地点，使相撞的两艘船上的 1700 条生命得救。类似的事例不胜枚举。

但是，反面的教训也是十分沉重的。1912 年 4 月 14 日，豪华客轮"泰坦尼克"号在作处女航时与冰山相撞，因船上电报机出了故障，导致它与外界的联系中断了 7 个小时，它与冰山相撞后发出的"SOS"信号又没有及时被附近的船只所接收，最终酿成了1500人葬身海底的震惊世界的惨剧。"泰坦尼克"号的悲剧告诉我们，通信与人类的生存有着多么密切的关系。

无线电技术很快地被应用于战争，特别是在第二次世界大战中发挥了巨大的威力，以致有人把第二次世界大战称为"无线电战争"。其中特别值得一提的是雷达的发明和应用。1935年，英国皇家无线电研究所所长沃森·瓦特等人研制成功了世界上第一部雷达。20世纪40年代初，雷达在英、美等国军队中获得了广泛应用，被人称为"千里眼"。后来，雷达也被广泛应用于气象、航海等民用领域。

（四）广播与电视的发明

19世纪，人类在发明无线电报之后，便进一步希望用电磁波来传送声音。要实现这一愿望，首先需要解决的是如何把电信号放大的问题。1906年，继英国工程师弗莱明发明真空二极管之后，美国人福雷斯特又制造出了世界上第一个真空三极管，它解决了电信号的放大问题，为无线电广播和远距离无线电通信的实现铺平了道路。

1906年，美籍加拿大人费森登在纽约附近设立了世界上第一个广播站。在这一年的圣诞节前夕，他的广播站播放了两段讲话、一支歌曲和一支小提琴协奏曲，这是历史上第一次无线电广播。真正的无线电广播是从1920年开始的。1920年6月15日，美国匹兹堡的KDKA电台广播了马可尼公司在英国举办的"无线电电话"音乐会，这是商业无线电广播的开始。这种载着声音飞翔的电波逐渐被用于战争，在第一次和第二次世界大战中发挥了很大的威力。

三、现代通信方式和特点

电话、电报从其发明的时候起，就开始改变人类的经济和社会生活。但是，只有在以计算机为代表的信息技术进入商业化以后，特别是互联网技术进入商业化以后，才完成了近代通信技术向现代通信技术的转变，通信的重要性日益得到增强。1946年，世界上第一台通用电子计算机问世。伴随着计算机技术发展的四个阶段，即从20世纪50年代到80年代的主机时代、80年代的小型机时代、90年代的PC时代以及90年代中期开始的网络时代，通信技术也经历了飞速发展的过程。

20世纪80年代，开通数字网络的公用业务，个人计算机和计算机局域网出现，网络体系结构国际标准陆续被制定出来。多媒体技术的兴起，使计算机具备了综合处理文字、声音、图像、影视等各种形式信息的能力，日益成为信息处理最重要和必不可少的工具。20世纪90年代，蜂窝电话系统开通，各种无线通信技术不断涌现，光纤通信得到迅速普遍的应用，国际计算机互联网得到极大发展。程控电话、移动电话、可视电话、传真通信、数据通信、互联网络、电子邮件、卫星通信、光纤通信等都为我们的生活带来了极大方便，这一时期，通信的发展达到了前所未有的高度。至此，我们可以认为：以微电子和光电技术为基础，以计算机和通信技术为支撑，以信息处理技术为主题的信息技术（Information Technology，IT）正在改变着我们的生活，数字化信息时代已经到来。关于现代通信的具体内容将在后面章节作详细介绍。

四、未来通信的方式和特点

随着人类对通信要求的进一步提高及光纤与宽带 IP 等相关技术的成熟发展，通信技术目前已从单纯的语音通信进入多媒体通信时代，多媒体通信将成为 21 世纪人类通信的基本方式。多媒体通信是多媒体技术和通信技术的有机结合，突破了计算机、通信、电视等传统产业间相对独立发展的界限，它在计算机的控制中，对独立的信息进行集成的产生、处理、表现、存储和传输。通信提供给我们的服务将由单一媒体提供的传统的单一服务，如电话、电视、传真等，朝着诸如数据、文本、图形、图像、音频和视频等多种媒体信息以超越时空限制的集中方式作为一个整体呈现在人们眼前的方向发展。3G、4G 技术的出现正是源于用户对多媒体业务越来越广泛的需求。多媒体通信无疑将会在很大程度上提高人类的生活水平并改变人类的生活、工作习惯，并将是未来通信的发展方向。

社会需求往往是推动技术向前发展的动力。就拿电子邮件来说，在通信技术发达的今天，相信我们并不陌生。电子邮件，简单地说就是通过互联网邮寄的信件。与过去通过邮局邮寄信件相比，它的成本比邮寄普通信件低得多，而且投递无比迅速，不管多远，最多只要几分钟。电子邮件使用起来也很方便，无论何时何地，只要能上网，就可以通过互联网来发电子邮件，这些电子邮件可以是文字、图像、声音等各种形式。同时，我们也可以打开自己的信箱阅读别人发来的邮件，可以得到大量免费的新闻、专题邮件，并实现轻松的信息搜索，这是任何传统的方式都无法比拟的。正是由于电子邮件的使用简易、投递迅速、收费低廉、易于保存、全球畅通无阻，使得电子邮件被广泛地应用，使人们的交流方式得到了极大的改变。

日常生活中，我们始终离不开通信。不论是原始的烽火传军情、飞鸽传书，还是先进的电子邮件，虽然只是技术上的天壤之别，但它们传递信息、交流信息的目的始终不变。伴随着科学技术的发展，通信技术也会飞速发展，人类的交流也会越来越广泛，通信与人类的关系也将越来越密切。

第二节　通信的地位和作用

通信技术改变生活，如今的时代是一个科技迅猛发展，信息数据化的时代。笔者作为80后的一代，这些变化如影随形般伴随我长大，我是真真切切地感受着这一切。回头想想，无论是自己熟知的还是未知的领域，都有着巨大变化，这些变化是前所未有的。细想之下，最熟悉的莫过于通信世界对我们生活的影响和改变，而这当中首当其冲便是手机的发展。现在，手机已不再是单一化的，而是多样化的，尤其进入3G时代。再看看身边的同学、朋友，无不经历着同样的事情，所以这就是我们时代快速前进的一个缩影。通信方式依旧日新月异，互联网也正在成为最广泛的通信方式。作为伴随我们成长的年青一代，互联网给我们带来很多乐趣，让我们发现了无限可能，更带去了许多实现梦想的机会。

上述两个小方面的通信就给了我们的生活如此大的影响，可想而知通信技术在未来将对我们产生不可限量的重大影响。下文将从这方面来展示现代科技的魅力，科技改变着我们的生活，影响着我们的生活方式。而这也是我们渴望和追求的。

三十年的岁月弹指一挥间，三十年的生活大变迁。百姓沟通方式的变化尤其反映出百姓生活方式的巨变。"旧时王谢堂前燕，飞入寻常百姓家。"从电报到电话，再到代表移动通信的大哥大、手机以至多媒体的网络，通信正经历着一种从贵族消费到平民消费的过程。

现代通信是人类科技进步的产物。美国学者阿尔温·托夫勒在20世纪80年代出版的《第三次浪潮》曾在世界引起强烈反响，他把到目前为止人类社会发展历程视为三次革命浪潮，第一次浪潮是农业革命，第二次浪潮是工业革命，第三次浪潮就是信息技术革命。由20世纪中叶开始的信息技术革命的冲击波，把世界推进到21世纪的信息时代。世界各国都把通信和信息技术革命这一强大的冲击波，视为争夺和抢占21世纪领先地位的关键武器。各国都在集中力量发展信息搜索、处理、存储、传递、分析、使用及集成，大力开发信息资源，生产高附加值的通信产品，组建信息化军队及开展军事上的信息科技竞争，以图迅速大幅度地增强和提高国力和军力。

为此，许多发达国家雄心勃勃地提出纲领性信息科学发展计划，在高科技的舞台上称雄称霸，如美国的战略防御计划、欧盟的尤里卡计划等这些计划的核心就是信息技术。这些计划的推出大大促进了信息技术的发展以及整个科学技术的进步。美国原国务卿舒尔茨曾经提出，战略防御计划实质上是一个巨大的信息处理系统，它是智力和科学影响处理世界事务方法的一个明显事例，信息革命正在改变国家之间财富和实力的对比。尤里卡计划中也指出，信息技术将为所有其他领域的进步铺平道路，信息技术已经成为现代工业国家决定性的基础结构。不积极研究、发展信息技术，实际上等于放弃成为现代工业国家。人们已经深刻认识到，以信息技术为核心的新技术将会推动经济和社会形态发生重大变革。因此，研究、发展、学习、应用通信和信息技术已成为当今社会的浪潮，此浪潮浩浩荡荡，冲击到每个角落，渗透到了每个家庭。

由克林顿政府提出的 Nil，俗称为信息高速公路，中国科学院对 Nil 做了如下解释：由大量的相互作用的信息要素（通信网、计算机系统、信息与人）构成的开放式综合巨型的网络系统，覆盖整个国家，能以 Gbit/s 级的速率传递信息，以先进的技术采集信息、处理信息并供全社会成员方便地利用信息。因此，它是现代化社会的国家信息基础设施。

在现代社会，经济高速发展，社会日益前进，广阔的经济前景离不开通信的发展。近几十年，全球通信迅猛发展，走在时代前沿。目前，现代通信已由原先单纯的信息传递功能逐步深入到对信息进行综合处理，如信息的获取、传递、加工等各个领域。特别是随着通信技术的迅速发展，如卫星通信、光纤通信、数字程控交换技术等的不断进步，以及卫星电视广播网、分组交换网、用户电话网、国际互联网络等通信网的建设，通信作为社会发展的基础设施和发展经济的基本要素，越来越受到世界各国的高度重视和大力发展。

在现代社会，通信技术起到了关键作用。科学技术是第一生产力，既然是生产力，就会对社会的方方面面有决定作用。当然在强调技术对社会的决定作用时，不能片面地夸大技术的作用。技术不能简单地、直接地、唯一地决定社会生活。技术是整个社会大系统的组成部分，与社会的经济、政治、文化和社会生活紧密相关。特别是当今的高技术，它对社会经济、对社会生活质量、对社会关系的改变、对社会政治和社会文化，都有其决定性的作用和影响。马克思把科学技术首先看成是历史的有力杠杆，看成是最高意义上的革命。他在评价近代技术的社会作用时说，蒸汽、电力和纺织机甚至是比巴尔贝斯、拉斯拜尔和布朗基诸位公民更危险万分的革命家。列宁对科学技术的社会作用也给予了极高的评价，在他看来，技术进步"也是其他一切进步的动力、前进的动因"。

通信技术在社会发展及社会生活方面，也存在着巨大作用。通信技术作为信息技术的重要组成部分，共同使人类进入了虚拟时代、数字时代。虚拟，就其本身来说，是数字化方式的构成，它是人类中介系统的革命。虚拟性激发了人们创造能力的巨大发展。通信技术的进步还改变了人们的某些生活方式。比如，过去人们要上邮局寄信，现在在家发个 E-mail 就行了；过去老师给学生面对面讲课，现在借助光纤通信技术，远程教育成为可能，这使更多的人有机会接受良好的教育。还有家庭办公、远程医疗、网络购物等原来看起来不可思议的事，现在借助于高性能的通信网和计算机都已经实现。当然现代通信技术对原有的社会秩序和文化也造成了一些冲击。

通信技术在经济和政治方面也都起到了重要的作用，在经济方面，由于新的通信技术的使用，运营商不仅提高了服务质量，同时还开发出了如数据业务、视频业务、短信业务等新服务品种，多方面地满足消费者需要。这使得制造成本、维护成本下降，低廉的价格吸引了更大的消费群，消费的总量在上升。在政治方面，一个综合实力强的大国又往往以先进技术为筹码，科技实力强，经济发展的速度就快，从而就可以提高一个国家的国际地位。

此外，通信技术的发展还可以节约能源消耗，提高信息资源的共享性。例如，利用电话、传真、电子邮件等通信手段替代出差联系业务，可节约交通能源 40%~50%，相当于节省石油总消耗量的 7%，还可以减少大气污染和噪声污染。而且人们通过终端设备可以方便地存取异地计算机中心的数据、图像、声音等信息。这不仅减少了不必要的数据重复输入和保管工作，提高了信息流通的速度，发挥了信息的应有价值，而且可以使人们共享网络中信息资源，迅速获得有用的信息，赢得时间和机会。

通信技术的发展对教育具有重大作用。例如，以通信卫星为核心的远程教学方式，不仅克服了传统学校教育的局限，解决了全日制小学、中学直到大学都不好解决的扫盲教育、成人教育、职业教育和终身教育等问题，而且可以实施开放式教育，扩大教育面，大力开发人力资源。

现代通信如电视、广播电子邮件、卫星通信等，与大众媒介一起，共同使一个国家的文化向全国统一性的方向发展。这为国内不同民族文化、不同地域文化的相互借鉴、相互交流创造了机会，其结果是促进了全民族文化的共同繁荣和发展。在国与国之间，一方面由于通信手段的发展，既增加了国与国之间在政治、经济、科学技术等领域的竞争，也增加了交流和合作，从而产生了文化融合；另一方面，在艺术、风俗、生活方式等领域，由于在不同国家之间差别大、独立性大，不易受到他国文化的影响和异化，会保持其传统性。与此同时，通信不仅在预报气象变化、传递气象信息等方面发挥积极作用，而且在战胜洪水等自然灾害方面也有不可低估的作用。例如，通信还用于科学研究、环境保护、资源调查和医疗卫生等领域，促进了这些领域的发展。由此可见，通信技术不仅在现代社会中占有不可缺少的地位和作用，在经济、政治、教育方面也具有很强的推动作用，而且作为信息产业核心技术，也获得了前所未有的发展。

一、通信技术服务商在通信行业的地位和作用

近年来，我国的信息通信业取得了长足的发展，实现了历史性的跨越。从 20 多年前制约国民经济发展的"瓶颈"，一跃而成长为带动国民经济增长的先导产业和支柱产业。目前，我国的信息通信基础设施已拥有光纤、数字微波、卫星、程控交换、移动通信、数据通信、互联网等多种技术手段，长途传输、电话交换和移动通信都实现了数字化，我国电信网的技术层次和水平跃居世界前列。截止到 2003 年底，全国电话用户总数已达 5.2 亿户，其中固定电话用户、移动电话用户各 2.6 亿户左右，网络规模和用户容量居世界第一位。IP 电话、手机短信息、互联网等各类新业务发展迅猛。IP 电话通话时长达到 445.3 亿分钟，手机短信息发送量达到 698.7 亿条，互联网上网用户达到 6800 万户，均比 2002 年同期有较大幅度的增长。进入新世纪，通信业务的需求向数据、图像方向发展，信息通信技术的发展日新月异，移动通信技术开始由 2G 向 3G 演进，电话交换技术开始由第四代电路交换向第五代软交换技术演进，传统的电信运营商将面临两大难题：①跟踪新技术的发展，建设能满足新业务需求的网络；②维护现有网络，延长现有网络的使用寿命，保护已有的投资。

从 20 世纪 90 年代初开始，全球电信行业经历了一个高速蓬勃发展时期，至 1996 年，随着美国《电信法》的推出，带动全球电信行业的政府管制减弱，出现了没有政府介入的"自由竞争"。受高额利润的驱动，电信行业的投资过剩，至 20 世纪初，由于无序竞争、投资浪费、3G 牌照拍卖等原因，导致了全球电信业进入低谷阶段。近两年宏观经济的不确定性对电信行业来说仍是一个负担，而用户支出越来越少，竞争对手越来越多更是让人头疼。这些外部压力综合作用的结果是，电信公司不得不拼命削减成本以便让业绩表现得好看一些。美国第一大长途电话运营商 AT&T 公司的销售额从 2002 年同期的 96 亿美元降至 88 亿美元，但净利润增幅巨大，为 5.36 亿美元，这是由于该公司在上年同期中止了一大笔业务，造成 128 亿美元的亏损。第一大本地电话公司 Verizon 的集团销售额为 168.3 亿美元，比上年同期略有增加，但是这一微弱的增长主要得益于长途和无线业务，核心的本地业务收入的下降幅度为 3.4%，集团总利润为 3.38 亿美元。美国第一大无线运营商 Verizon 无线公司的销售额增长 14.3% 至 55 亿美元，新增用户 130 万人，是迄今为止季度用户增长最多的运营商。就当时而言，美国电信行业终于出现了复苏的迹象，主要原因是运营商在控制运营成本的同时，开始在盈利的基础上吸收用户，这与几年前运营商"不惜一切代价争抢用户"的想法形成了鲜明的对照。

我国电信行业随着这几年持续不断的改革，已经形成六大运营商全面参与竞争的局面。电信行业的重新洗牌使竞争迅速趋于白热化，竞争方式愈演愈烈，利润空间大幅下降，迫使电信运营商由粗放型管理向科学管理转化。在自身系统的建设、新业务的推广、客户的开发和挽留、运营模式、经营策略等方面加强投入，设备投资更加审慎，成本控制更加严

格。传递，PSTN 语音网和分组交换数据网的有机融合是下一代网络发展的核心，其核心技术是软交换。下一代网络 NGN 是多业务融合的网络，其在网络构架上的三大特点为：开放性网络、业务驱动性网络和统一协议的基于分组交换的网络。

目前居于核心地位的 PSTN 语音网将作为下一代网络 NGN 的接入层。通信设备制造商的研发重点转向软交换设备的开发，程控交换技术作为一种成熟的技术受到的关注越来越少。越来越多的通信设备制造商停止了程控交换机的生产和技术支持，电信运营商不得不将有些机型提前退网，造成了巨大的投资浪费，对电信运营商的收益无疑是雪上加霜。

二、技术服务商在通信业中逐渐兴起

传统的基于 TDM 的 PSTN 语音网的业务和控制都是由程控交换机完成的，程控交换机对新业务的提供极不敏感，往往需要较长的时间周期，不利于目前竞争日益激烈的市场要求。目前计算机技术的飞速发展，计算机数据互联需求的日益增长，使得基于 IP 和 ATM 的分组交换数据网的发展越来越快。分组交换数据网非常适合各种信息，在竞争日趋激烈的通信行业，电信运营商要想在市场上立于不败之地，很大程度上取决于其在服务质量和成本控制上的竞争力。随着运营商网络规模的不断扩大和新业务的不断推出，运营商网络的有效维护和高效管理越来越重要。

2002 年，全球运营商在电信基础设施方面的投资总额达 1680 亿美元，由此带来 440 亿美元的服务需求。电信服务市场可以细分为四类：第一类是安装、建网服务，2002 年市场规模为 161 亿美元；第二类是专业服务，2002 年市场规模为 71 亿美元；第三类是运维服务，2002 年市场规模为 140 亿美元；第四类服务是管理服务，即外包服务，2002 年市场规模为 70 亿美元，它也是电信服务领域最具发展潜力的市场，从 2002 年至 2005 年年均增幅约为 22%。

2002 年岁末，全球居领先地位的跨国运营商和记电讯宣布与爱立信达成一项为期 7 年、总价高达 12 亿瑞典克朗（相当于 1.44 亿美元）的运营管理外包服务合同。根据协议，和记电讯将把该公司位于澳大利亚的 2G、2.5G 以及拟于今年初启动的 3G 网络的运营、管理、维护及相关人员交由爱立信公司管理和经营。和记电讯声称，这一安排不仅能使其将主要精力集中于即将到来的 3G 网络的内容服务、客户管理及相关应用方面，还可望在未来的 7 年中为该公司节省大约 4500 万澳元（2000 多万美元）的运营支出。

我国电信运营商长久以来在经过招标采购通信设备制造商的产品时，通常也就由爱立信或其在国内的"指定"合作伙伴提供网络基础建设与系统集成，而在随后的相当长的时间里，由这一厂商提供的免费服务被认为理所当然，设备制造商为了得到后续的订单也默认了这一免费服务。现在，通信设备采购潮落入低谷的时候，设备制造商不能获得大额订单，又要维持成本高昂的技术支持队伍，不得不要求和电信运营商签订费用高昂的《维保协议》。随着社会分工的细化，专业的技术服务商将在通信业的发展中占有一席之地。市场调研公司 Infonetics 早在 2000 年就曾做出预测：全球网络运营管理外包服务在 2003 年的支出预计将达到 420 亿美元，这一市场的年复合增长率（CAGR）更是高达 45%。激烈的市场竞争与成本压力迫使越来越多的电信运营商将其眼光转向专业的服务提供商。外包的做法已被越来越多的运营商精明的决策层视为一种行之有效的竞争策略和管理工具。

服务外包的理论源于美国芝加哥大学法学院教授、诺贝尔经济学奖获得者罗纳德·科斯提出的交易成本理论。以这个理论为基础，不仅形成了后来的交易成本经济学和现代的新制度经济学，而且在管理学和营销学等很多学科领域，都可以看到这个理论的重要影响。服务外包带给通信运营企业的利益是多方面的，其中包括侧重核心业务、加快投资回报、降低运营成本支出、提升网络质量和客户满意度、减少业务流失率、建立综合技能、降低投资风险和提高总体服务水平等等。对通信运营企业管理层来说，外包业务的第一利益是得以将时间、精力和资源集中于企业的核心业务方面，通过对企业非核心业务的剥离和转移，从而找到降低运营成本的有效途径。另外，及时选择可靠的第三方技术支持服务企业可以避免设备制造商转产、停产时网上运营设备提前退网的风险。

设备制造商将其服务外包，可以更加专注于产品的研发和更新换代上，通过其认定的技术服务商为客户提供更加及时、高效服务，提高客户满意度，扩大市场占有率。经过十多年的发展，技术服务外包在欧美许多发达国家已成功地建立了许多商业案例，并被视为一种可靠的且能带来可观经济效益的商业模式。我国电信运营商近几年将代营代维业务外包的比例也在逐渐增大，目前主要在关联企业之间，社会化、市场化程度不高，与发达国家成熟的外包服务体系相比，还存在不小的差距。破除传统思维方式的束缚，改变万事不求人或仅把服务外包视为弥补人员短缺的权宜之计的思想，树立全新的经营理念，认真研究服务外包的运营，通过将自己不具竞争优势的业务外包出去，同时包进自己拥有竞争优势的业务，从而提升企业乃至整体产业的综合竞争力，成为我国电信运营商要面对的一个新课题。

就目前运营商的需求而言，通信网络技术服务的需求大致包括：①基于多厂商网络实现无缝整合并推出全新应用；②以更简单的模式及更低的成本开展业务；③使网络运营简化并最优化；④保持服务质量；⑤充分利用现有网络投资。这对服务提供商提出了更高的要求，一方面要具备网络运营的经验，另一方面还要对运营商有非常深刻的了解。从事通信技术服务的企业必须加强交流与合作，跟踪通信技术的发展，加强自身队伍的建设，增强技术服务的能力，为电信运营商、设备制造商提供可靠、优质服务，才能形成通信行业的第三大支柱。

三、通信在防汛工作中的重要作用

通信工作是防汛工作中不可缺少的部分。通信是信息的传输渠道和载体，在防汛事业中担负着汛情、救灾、抢险等信息的收集、整理、传输等功能，是防汛事业的神经系统。通信信息传输的好坏，直接影响防汛工作的好坏。因此，通信工作是防汛工作中的"千里眼、顺风耳"。只有把眼睛和耳朵保护好，才能看得远、听得清。

山西省防汛部门专用无线通信网建立于1977年，到80年代，各个防汛通信工作形成了无线与有线相结合，专用电台与邮电线路相结合的格局。在1982年河曲防凌抢险和1984年汾阳发生洪灾时，由于电信局通信网中断，山西省防汛抗旱指挥部的抢险电台发挥了至关重要的作用，准确及时地向省领导、厅领导和有关部门传递了灾情及抢险情况，使灾区的灾情损失减到了最低程度。全省的通信工作在设备条件比较落后的状况下，充分发挥了作用。80年代后期至90年代初期，山西省的防汛通信工作有了一定的发展，引进了计算机数据通信网络，采用进口超短波电台这一先进手段进行通信，并将10瓦短波电台更换成10瓦进口电台，通信水平有了很大提高。目前，山西省防汛通信工作台站已发展到290多个，通信人员400余人。

防汛抗旱随着社会主义市场经济的发展和防汛抗旱范围的不断扩大，防汛通信工作也面临着更高的要求。当前，通信工作存在着一些与形势发展不适应的问题，必须加强通信工作，保障防汛工作顺利进行。搞好防汛通信工作必须做到以下几点。

（一）要加强领导

重视通信工作，及时了解和掌握通信人员的理论水平、实际操作能力、工作条件、工作方法和工作人员的素质，加强培训，提高管理人员的管理水平和管理素质，制定出一套切实可行的管理办法。对设备要及时更新换代，力求在高新技术发展的今天，充分发挥防汛通信工作的重要作用，使通信工作逐步走上规范化的轨道。

（二）加强技术力量减少技术人才流失

这应从现有的工作人员中搞好培训提高工作，尽快掌握高新技术。不能靠从外面借调技术人员来解决技术力量贫乏的问题。这几年虽然增加了不少大学生，他们有一定的理论知识水平，但缺乏实践经验，而实践操作经验并不是很快就能掌握的。因此，在培养和用好大学生的同时，还应充分发挥具有实践操作经验通信人员的作用，尽快提高他们的理论水平。提高理论知识水平的形式是多种多样的，如走出去、请进来等等，不定期地搞一些面授和熟练操作比武等，以此来提高通信人员队伍的整体素质。

（三）增加投资实现防汛通信装备现代化

通信手段是否现代化，是能否保证防汛信息及时性和可靠性的关键。及时性和可靠性是信息是否有价值的两大基本因素。信息缺乏及时性，就会因时间的推移，或贻误战机，或失去价值；信息没有可靠性，则会或误导人们行为，或使人对其失去可信度。因此，通信手段的现代化对保证防汛的胜利起着至关重要的制约作用。要实现通信手段现代化，必须加大防汛通信投资的强度。目前，山西省有相当一部分县甚至个别地市，防汛通信资金短缺，通信设备落后，远远不适应日益繁重的防汛任务。这种局面的出现，除财政困难外，更主要的原因是对通信重要性缺乏认识，认为对通信的投入是没有效益的。这种观点显然是错误的。其实，对通信投入的效益是可观的。据我国铁路部门测算，完善的通信可使铁路部门每年多增 30 多亿元。因此，各级领导要提高对通信投资必要性和重要性的认识，转变观念，想方设法筹集资金，加大对防汛通信投资强度，尽早实现通信手段的现代化。

（四）建立防汛通信机构健全防汛通信网络

通信网络化是通信现代化的一个基本要求。现在世界上欧美等发达国都在积极实施信息高速公路计划。信息高速公路的一个突出特点就是网络化。当然，我们还不能以这个标准来健全防汛通信网络，但是，将各水库、河流、县市的防汛通信联成一体则是能够做到的，也是非常必要的。因为汛情、灾情都具有一定区域性，并由此决定抗洪抢险需要各政府的广泛发动和动员。这就需要上下、左右沟通信息，互济互助。然而，山西省有半数以上的县没有常设的防汛机构，更没有常设的防汛通信单位。这就给全省统一的信息网络造成了许多断线和空缺，给全省防汛救灾的统一指挥统一调度带来了许多困难。这种状况应引起有关领导的高度重视。

第三节　通信在日常生活中的应用

通信与我们的日常生活密切相关，寄送信件、发行报刊、打电话、拍电报、听无线电收音机广播、看电视等都离不开通信。我们已经习惯了通过电话（固定座机电话、移动电话等）与人联系，通过电视和网络获取信息。随着科学的不断发展，新的通信方式如卫星通信、电视电话等不断地走入了我们的社会生活。

一、电视广播通信

现在人们收看的电视节目，一般都用同轴电缆传送到家，称之为电缆电视（CATV）。

电缆电视为模拟制式，采用载波传送。由于模拟信号具有抗干扰性差、带宽窄、信号处理困难等缺陷，当前正在进行数字化改造，以实现全数字化的电视节目传送。现有的模拟家用电视机必须采用机顶盒进行数模转换（D/A）才能接收，实现数字传输后，电视的画面、音质、可接收频道数目等都会得到极大的改善。目前我们收看到的各省、市的"卫视"，是数字卫星直播电视网的简称，都是从数字卫星直播电视网中接收并转换的，它通常是指利用同步卫星通信系统，专门传送电视信号，并直接为家庭或集体传送电视广播节目的一种专用网。卫星电视广播覆盖面广，受地形条件影响小，在世界上特别是我国成为村村通电视的主要途径。

在卫星电视网中，卫星是起重要作用的设备，特别是广播卫星覆盖的频率资源是有限的，因此国际电信联盟（ITU）不断地推出卫星电视传输的相关标准和有关规则。目前我国卫星电视节目分配在"亚洲1号""亚洲2号""中卫6号"及"鑫诺1号"等多颗卫星上。从频段上看，各省、市从原来使用卫星通信的 C 波段向现在普遍采用的 Ku 波段发展，或向更高频段发展，如中央台的 CCTV-2、3、5、6、8 这 5 套电视节目，利用"鑫诺1号"的 Ku 波段播出，采用多路单载波（MCPC）卫星制式；广东、福建等 20 多个省、市的卫星电视节目利用"亚洲2号"卫星采用欧洲电信标准协会（European Telecommunications Standards Institute，ETSI）卫星制式传送。数字卫星电视均采用 MPEG2/DVBS 标准（一种压缩标准），并采取了有条件接收加密技术。数字卫星直播电视网采用的是点对面覆盖方式，一般是单向传输，这种"卫视"专网主要由以下几部分构成如下图 3-1 所示。

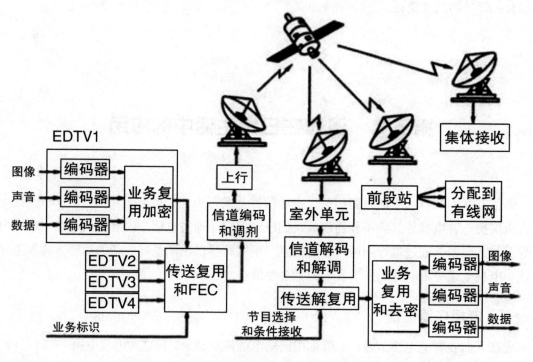

图 3-1　卫视专网构成示意图

卫视网由上行地球站（数字卫星电视发射站）、广播卫星与星载设备完成数字电视信号的面覆盖转发；此外，卫视网还包括对卫星转发器的监控、测试的监控站。

在数字卫星直播电视网中，传送的信号是经过数字压缩处理后的数字电视基带信号，分为图像信号和电视伴音信号，分别经压缩编码后传送，其压缩编码是国际标准MPEG2。在我国信号传输标准为 DVBS 数字卫星电视标准，此标准实际上是数字卫星电视广播的信道编码和调制的标准，经 MPEG-2 压缩编码处理的图像和伴音的数字电视信号，通过传送复用、适配、能量扩散、外编码、卷积交织、内编码的数字卫星电视传输的基带信号处理，最后形成数字卫星电视基带信号，并经调制器进行调制（QPSK）后送入发射设备。

二、家庭信息网

我们通过网络可以在家中上网聊天、进行股市交易、发送和收取电子邮件，在家中网上办公、网上交易、网上购物等已成为时尚。通信在日常生活中的应用使得家庭信息网络应运而生。信息家电、智能家居技术或者家庭信息化都是相近的概念，指的是将微处理技术尤其是嵌入式技术、通信技术引入到传统的家居、家电中，用于安全防范、智能控制以及家庭信息服务等各种家庭服务。这已经成为当今计算机及通信研究应用的热点之一。在实现信息家电的几个关键技术中，采用何种家庭网络控制平台来实现家电的互联、信息共享与控制以及与外界的信息交换是其中的关键技术之一。由于家庭网络具有连接设备多、传输信息种类多以及布局随机等特点，所以一般采用无线局域网或宽带技术进行通信并通过家庭网关等设备与外界连接。

由于无线局域网适合大型、高速的网络应用，尤其是同现有的以太网集成容易、技术成熟，一般在家庭中可用于家庭办公设备之间无线连接以及无线局域网与有线网之间进行连接。蓝牙技术具有短距离、低成本等特点，尤其容易构建 ADHOC 网络以实现移动式计算通信设备、智能终端等之间共享信息，特别适合用来实现家庭信息网络。家用电器、便携式设备等可以通过无线网卡实现相互通信和数据共享，包括以下四种形式。

（一）家庭智能设备

分布在家庭各处的台式计算机、笔记本电脑、PDA、数码相机等智能设备，通过无线接入点、无线网卡、集线器或交换机等组成无线网络，可以实现文件或图像等的传输和个人信息管理等家庭办公功能，并通过互联网接入设备连接到互联网上，用户可以在办公室或者外地通过计算机、手机等实现远程数据传输和共享，并能充分利用互联网提供的个人定制服务。

（二）计算机与附属设备

计算机与其附属设备之间可以利用红外、蓝牙技术实现无线连接，如主机和键盘、鼠标等附件之间，计算机与打印机、PDA、手机等之间实现点对点的通信。

（三）家用电器之间

家用电器之间也可以采用蓝牙技术组成 ADHOC 网络，如 DVD、音响、电视、遥控器之间的连接和控制，手机、无绳电话与座机等之间进行通信方式的切换等。

（四）家电智能化

随着计算机技术、通信技术的发展，家电的智能化程度也越来越高。例如：家电具有自检测、自诊断功能，能够通过网络进行远程控制、诊断维修以及下载更新软件进行升级；能自动进行水、电、气等的抄表，灯光、温度的自动控制调节，家庭安全监控报警乃至远程医疗诊断服务；等等。

三、校园网

校园网是广泛建立在各大、中、小学的计算机通信网，用于学校的教学、宣传、办公管理和科研，是实现网络教学、办公自动化和信息管理与查询等的基础。校园网络能将学校范围内的教室、实验室、教师和学生宿舍、各部门办公室等的数千台计算机连接起来，通过该网络，教师、学生可以实现学籍管理、选课、网上查阅资料、发布或查看通知等各项教学活动。

整个网络采用三层管理结构，即核心层、汇集层和接入层。核心层采用光纤分布式数据接口（FDDI）作为骨干网，采用1000M光纤（多模光纤）连接和64 ~ 128M包交换能力（PPS）的以太网核心交换机进行交换，用于实现 IP 业务的汇集和交换。核心层由 3 个骨干节点组成，分布在综合实验大楼、学生宿舍新区、教学楼，三台核心交换机分别用两条千兆以太网链路相连，三点组成环网，其他节点通过汇集层交换机与核心层三节点进行星型连接。汇集层采用交换能力为数兆的交换机，向上利用光纤连接骨干节点，向下根据距离的大小采用不同的传输介质连接接入层节点：100m 内采用普通的同轴电缆或屏蔽双绞线，100m 外采用光缆连接。每个接入点又通过交换机、集线器连接到各宿舍、教室或办公室。

校园网经过路由器可与城市的城域网或广域网进行接口，也可和公用电话网、数据网接口。整个校园网络覆盖了全校所有的教学、科研和办公建筑物，开通了 E-mail、FTP、Telnet、BBS 以及会议电视、视频点播等网络服务功能，实现校园内计算机联网、信息资源共享，并与国内外计算机网络互连，为学校的教学、科研和管理工作提供网络环境支持和服务。

四、其他应用

"移动办公"是当今高速发展的通信业与 IT 业交融的产物，它将通信业在沟通上的便捷、在用户上的规模，与 IT 业在软件应用上的成熟、在业务内容上的丰富，完美结合到了一起，使之成为继电脑无纸化办公、互联网远程化办公之后的新一代办公模式。这种最新潮的办公模式，通过在手机上安装企业信息化软件，使得手机也具备了和电脑一样的办公功能，而且它还摆脱了必须在固定场所固定设备上进行办公的限制，为企业管理者和商务人士提供了极大便利，为企业和政府的信息化建设提供了全新的思路和方向。它不仅使办公变得随心、轻松，而且借助手机通信的便利性，让使用者无论身处何种紧急情况下，都能高效迅捷地开展工作。这对于突发性事件的处理、应急性事件的部署有极为重要的意义。移动通信允许工作人员在公司外面办公。例如，需要经常到外地区对当地的环境进行现场监测的检测人员，可以将现场检测数据通过手机通信输送回单位进行数据处理即可。

移动通信可以用于人们生活中的各种场合，提供各种非常方便的应用。例如，外出打工的人们可以用手机拨打订票电话进行购票，现在人们普遍使用移动终端来代替钱包购物等。移动通信为人们带来方便的同时，也给人们节省了很多不必要的时间。

第四章

现代通信理论与技术

第一节 现代通信基本概念

现代通信的特征是通信与计算机技术相结合。在信息交换方面，数字信号的交换和处理，越来越频繁地使用计算机来实现；在信息传递方面，具有全时空通信功能的移动通信、卫星通信、光纤通信已成为当今传递信息的三大新兴通信手段；在网络发展方面，电信技术已使通信网络可向用户提供更多样化、更现代化的电信新业务，形成综合业务数字网（ISDN）。综合业务数字网以电话网为基础，将电话、电报、传真、数据、图像、电视广播等业务网络用数字程控交换机和光纤传输、卫星通信及移动通信等系统连接起来，实现信息采集、传递、处理和控制一体化。它可以提供比普通电话网传输速度更快、容量更大、质量更高的信息通道。现代通信所涉及的技术可归为5类：数字技术（包括编解码器、数字信号处理器），软件技术（包括程控时分交换、分组交换），微电子技术（包括超大规模集成电路的计算机辅助设计和微加工），光子技术和光电子技术（包括光纤通信、光纤传感、激光器件、光电子集成），微波技术（包括卫星通信与广播、微波接力线路、超高频移动通信等）。现代通信的发展趋势是，在通信网数字化、综合化的基础上向智能化、宽带化、个人化方向发展。目前世界上一些发达国家正在实施一项以激光、光缆和多媒体技术为标志的计算机技术与多种通信手段相结合的"信息高速公路"计划。

一、信息与通信

（一）"信息"的概念

什么是信息？对于信息的定义非常多，在中国国家标准（GB/T4894—2009）中关于信息的定义是：信息是物质存在的一种方式、形态或运动状态，也是事物的一种普遍属性，一般指数据、消息中所包含的意义，可以使消息中所描述事件的不定性减少。在信息科学中，信息是指事物运动的状态和方式，是对客观事物运动状态和主观思维活动的状态或存在方式的不确定性的描述。正因为其不确定性，因此信息必然包含了新的知识。在日常生活中，用信息的实用意义来表述信息，把一切包含新的知识内容的消息、情报、知识、情况、数据、图像等概括为信息。文字、书信、电报、电话、广播、电视、遥控、遥测等，这些都是消息传递的方式或信息交流的手段，用于表达信息。但是这些语言、文字、数据或图像本身不是信息而是信息的感觉媒体。

什么是媒体？媒体即媒质，媒质即"介质"，当一种物质存在于另一种物质内部时，后者就是前者的介质。在通信信息技术领域，将媒体分为五大类：感觉媒体、表示媒体、表现媒体、存储媒体和传输媒体。感觉媒体指的是能直接作用于人们的感觉器官，从而能使人产生直接感觉的媒体，如文字、数据、声音、图形、图像等。在多媒体通信应用中，人们所说的媒体一般指的是感觉媒体。表示媒体指的是为了传输感觉媒体而人为研究出来的媒体，借助于此种媒体，能有效地存储感觉媒体或将感觉媒体从一个地方传送到另一个地方，如语言编码、电报码、条形码等。表现媒体又称显示媒体，指的是用于通信中使电信号和感觉媒体之间产生转换用的媒体，如输入或者输出设备，包括键盘、鼠标器、显示器、扫描仪、打印机、数字化仪等。存储媒体指的是用于存放表示媒体的媒体，如纸张、磁带、磁盘、光盘等。传输媒体指的是用于传输某种媒体的物理媒体。在通信中所指的媒质通常是能传输信息的渠道，如有线介质、无线介质。其中，铜介质、光纤介质等属于有线介质，而空气则属于无线介质。

（二）信息的表示

信息是消息中所包含的人们原来不知而待知的内容。因此，通信的根本目的在于传输含有信息的消息，否则，就失去了通信的意义。基于这种认识，"通信"也就是"信息传输"或"消息传输"。

为了描述事物运动的状态和方式，人们用数据、文字、符号、图像、语音、物理参量等来描述。信息表现媒体是携带信息的载体，信息隐含于信息的表现媒体中。例如，数据、文字、符号、图像、语音、物理参量，人们（或机器）通过记录和表现信息的媒体获取信息、识别信息、理解信息、使用信息。为了便于交流，数据、文字、符号、图像、语音、物理参量等都有一些标准的表示方法，例如，二进制数字、ASCII 码、汉字交换码、JPG、TTL电平。

（三）信息的主要特性

信息是资源，是财富。信息主要具有普遍性、不完全性、时效性、可存储性、可共享性、依附性。此外，它还有无限性、传递性（传播性）、转化性、价值性（实用性）、可压缩性等特征，以及新颖性、差别性、不确定性等特性。

（四）信息量

通信的根本目的是传输消息中所包含的信息。消息是信息的物理表现形式，信息是内涵。信息是对客观事物运动状态和主观思维活动的状态或存在方式的不定性的描述。信息表现媒体的内容并不都是信息，信息量（以比特为单位）是对信息表现媒体的新颖性、差别性、不确定性的程度的量度。

香农认为"通信的基本问题就是在一点重新准确地或近似地再现另一点所选择的消息"。香农应用概率来描述不确定性。信息是用不确定性的量度定义的。一个消息的可能性越小，其信息越多；而消息的可能性越大，则其信息越少。

二、现代通信技术

（一）数字通信技术

数字通信即传输数字信号的通信，是通过信源发出的模拟信号经过数字终端的信源编码成为数字信号，终端发出的数字信号经过信道编码变成适于信道传输的数字信号，然后由调制解调器把信号调制到系统所使用的数字信道上，经过相反的变换最终传送到信宿。数字通信以其抗干扰能力强，便于存储、处理和交换等特点，已经成为现代通信网中的最主要的通信技术基础，广泛应用于现代通信网的各种通信系统。

数字通信的相关技术包括模拟/数字信号转换技术、数字滤波（去干扰）、编码技术、数字通信技术（包括有线和无线，有线包括各种通信接口的相关技术，如RS232、USB协议，无线根据频段又分为蓝牙技术、802.11b/g技术、微波技术等）等。

（二）程控交换技术

程控交换技术是指人们用专门的计算机根据需要把预先编好的程序存入计算机后完成通信中的各种交换。以程控交换技术发展起来的数字交换机处理速度快，体积小，容量大，灵活性强，服务功能多，便于改变交换机功能，便于建设智能网，向用户提供更多、更方便的电话服务，还能实现传真、数据、图像通信，它由程序控制，是由时分复用网络进行物理上电路交换的一种电话接续交换设备。程控交换机的常见结构有集中控制、分散控制或两者结合。程控交换机的技术指标有很多，主要为BHCA/呼损接通率，无故障间隔时间等。

现代计算机信息传输技术的蓬勃发展，给现代信息传输带来了一场深刻的革命，享受ISP提供的互联网服务是信息传输的最广泛、发展最快的有效途径，它是现代计算机技术和现代通信技术的有机结合，促进了现代信息传输技术的发展，尤其近十多年来，以HTML语言为基础的互联网技术的广泛应用，使信息服务进入前所未有的发展热潮，并朝着多媒体方向发展。

（三）通信网络技术

通信网是一种由通信端点、节点和传输链路相互有机地连接起来，以实现在两个或更多的规定通信端点之间提供连接或非连接传输的通信体系。通信网按功能与用途不同，一般可分为物理网、业务网和支撑管理网三种。

物理网是由用户终端、交换系统、传输系统等通信设备所组成的实体结构，是通信网的物质基础，也称通信装备网。用户终端是通信网的外围设备，它将用户发送的各种形式的信息转变为电磁信号送入通信网络传送，或把通信网络中接收到的电磁信号等转变为用户可识别的信息。交换系统是各种信息的集散中心，是实现信息交换的关键环节。传输系统是信息传递的通道，它将用户终端与交换系统以及交换系统与交换系统相互连接起来，形成网络。

业务网是完成电话、电报、传真、数据、图像等各类通信业务的网络，按其业务种类可分为电话网、电报网、数据网等。业务网具有等级结构，即在业务中设立不同层次的交换中心，并根据业务流量、流向、技术及经济分析，在交换机之间以一定的方式相互连接。

支撑管理网是为了保证业务网正常运行、增强网络功能、提高全网服务质量而形成的网络。在支撑管理网中传递的是相应的控制、监测及信令等信号，按其是否连续，可分为连续信号和离散信号；按其因变量的取值是否连续，又可分为模拟信号和数字信号。信号具有时域和频域两种最基本的表现形式和特性。时域特性反映信号随时间变化的情况；频域特性不仅含有信号时域中相同的信息量，而且通过对信号的频谱分析，还可以清楚地了解该信号的频谱分布情况及所占有的频带宽度。

由于信号中的大部分能量都集中在一个相对较窄的频带范围之内，因此我们将信号大部分能量集中的频带称为有效带宽，简称带宽。任何信号都有带宽。一般来说，信号的带宽越大，利用这种信号传送数据的速率就越高，要求传输介质的带宽也越大。通信网的相关技术主要有电缆通信技术、微波中继通信技术、光纤通信技术、卫星通信技术、移动通信技术等。

（四）宽带IP技术

ATM曾被认为是一种十分完美的、用来统一整个通信网的技术，未来的所有语音、数据、视频等多种业务都将通过ATM来传送。国际上，特别是电信标准化机构对该项技术进行了多年的研究，而且得到了实际应用，但事与愿违，ATM没有能够达到原来所期望的目标。与此同时，IP的发展速度大大出乎人们的预料，一方面，在若干年前自始至终没有一种独立的IP骨干网技术；另一方面，IP在高速发展的同时确实有一定的缺陷，如服务质量（QoS）不高等。因此，在宽带IP骨干网中首先产生的是IPOA（IP over ATM）技术。

IPOA的基本原理是将IP数据包在ATM层全部封装为ATM信元，以ATM信元形式在信道中传输。当网络中的交换机接收到一个 IP 数据包时，它首先根据 IP 数据包的 IP 地址通过某种机制进行路由地址处理，按路由转发。随后，按已计算的路由在 ATM 网上建立虚电路（VC），以后的 IP 数据包将在此虚电路上以直通（Cut — Through）方式传输，从而有效地解决 IP 路由器的瓶颈问题，并将 IP 包的转发速度提高到交换速度。

IPOA 技术很多，但按模型可归类为重叠模型和集成模型两种。

（五）接入网与接入技术

从整个电信网角度讲，可以将全网划分为公用电信网和用户驻地网（CPN）两大部分，其中用户驻地网属用户所有，因而，通常意义的电信网指的是公用电信网部分。公用电信网又可以划分为长途网、中继网和接入网（Access Network，AN）三部分。长途网和中继网合并称为核心网。相对于核心网，接入网介于本地交换机和用户之间，主要完成使用户接入核心网的任务。

接入网可由三个接口界定，即网络侧经由业务节点接口（SNI）与业务节点（SN）相连，用户侧由用户—网络接口（UNI）与用户相连，管理方面则经 Q3 接口与电信管理网（TMN）相连。传统以太网技术不属于接入网范畴，而属于用户驻地网领域。基于以太网技术的宽带接入网由局侧设备和用户侧设备组成。局侧位于小区内，用户侧位于居民楼内。这种技术有强大的网管功能，而且和传统以太网兼容，成本更低。

现代通信的主要技术有数字通信技术、程控交换技术、通信网络技术、宽带 IP 技术、接入网与接入技术等，其技术发展总趋势中的数字化、宽带化、智能化和个人化是互相联系的。没有数字化，宽带化、智能化和个人化都难以实现；没有宽带综合业务数字网，也就很难实现智能化和个人化，现代通信技术的"四化"实际上就是被广为宣传的"信息高速公路"的具体技术内容，随着现代通信技术的发展，人类社会正逐渐步入信息化的社会。

第二节　现代通信的基本理论与技术

通信系统的根本任务是有效和可靠地传输信息，而传输信息又总是以某种信号作为运载工具，因此信息传输主要表现为携带信息的信号的变换、处理、传输、交换和存储过程。通信系统中信息信号的变换、处理、传输、交换和存储过程的理论与技术，构成了全部通信理论与技术。

一、移动通信和无线通信将成为未来通信技术的主流

顾名思义，未来的通信技术发展必然要符合时代的精神和社会的变化，要更大范围和更大程度地满足绝大多数用户的基本诉求。基于这个概念，可以想见，现今方兴未艾的移动通信、无线通信未来将更快速、更强势地"登堂入室"，成为通信技术领域的主导，成为彻底改变传统通信概念、方式和模块的冲击性力量。移动通信现今已经是现代通信技术的主导性因素之一，未来其重要性和"话语权"只会再上一层，而不会下降。谈到无线通信，这是当今通信技术领域的热点，也是个人用户、商务用户最为关注的通信技术类型。脱离了传统通信材质、实体材料的无线通信，可以最大限度地实现通信的空间智能化、信息多元化、数据拓展化，能够满足更多用户的更大需求，市场前景不可限量。所以，将无线通信技术和移动通信技术相结合而衍生出的新型通信技术，可以称为无线移动通信。在不久的将来，融合了4G、5G技术优点的无线移动通信，必然给现代通信发展带来一场更剧烈的"技术革命"，这值得我们期待。

由此可见，无线通信技术提供的"无材质、无原料"限制的通信和移动通信带来的"全球化通信"都是未来很长一段时间内通信领域的主导力量，它也将更深刻地改变人们的工作、学习和生活，给经济社会发展带来全新的动力和能量。综合来看，现代通信技术的突出趋势就是以移动通信和无线通信为代表的新型技术类型正在崛起，并发挥建设性的力量。

二、未来通信技术将具备宽带化、智能化、个人化和数字化特征

所谓宽带化趋势，指的是未来通信技术将更加依赖功能突出、质量过硬、传输速率高和信号稳定的新型宽带，这其实反映了未来通信的基本诉求。其中，光纤技术的成熟和逐步应用正是宽带化的一大标志，也为通信过程中极宽频带信号的传输提供了保障。光纤传输光信号的优点：传输频带宽，通信容量大；传输损耗小，中继距离长；抗电磁干扰性能好；保密性好，无串音干扰；体积小，重量轻。光纤通信技术发展的总趋势：不断提高传输速率和增长无中继距离；从点对点的光纤通信发展到光纤网；采用新技术，其中最重要的是光纤放大器和光电集成及光集成。

智能化自然很好理解，未来的通信技术要更加贴近人的需求，更加了解和符合用户的习惯，为用户提供优质、快捷的服务。智能网络的建立和完善，为今后通信技术的智能化打下了基础，也提供了基础设施的保障。

个人化也是今后通信技术发展的一个趋势，其凸显了未来通信的细致、精密和人性化的趋向。随着移动终端设备的普及和人们对于随时随地开展通信业务需求的增加，未来的通信将进入"自媒体"时代，即每个人透过移动设备或终端都可以开展通信，传输信息，实现个人资源的扩散和传播。因此，要达到通信的个人化效果，目前仍然很难完整地实现，仍处于理论研究和实验阶段。但是，这样的趋势不难预测，因为人是通信的核心，也是通

信发展的服务对象。个人化反映了通信技术发展的终极诉求，即通过技术的革新不断提升个人体验，增加个人的价值。

三、通信技术的综合化与融合化趋势也在逐渐展现

通信技术所涉及的技术类型和环节，总会存在各自的缺点与问题，这就需要技术之间的融合，以及相互弥补；反之，各类技术之间的优势可以实现互补，形成强大的技术集合体。所以，未来通信技术的交汇融合也是一个基本趋势。例如，通信技术、电视技术和计算机技术的融合，可以构筑成全新的媒体网络，给更多的用户提供优质的服务。

通信技术的各类业务也在不断地综合发展，如电话、数据、图像、文字等，倘若这些业务单独建网，可能很难满足大多数用户的需要，但如果将上述业务综合起来，建立通信业务综合网络，集成各类业务的骨干内容，就可以满足绝大多数用户的诉求。例如，将无线宽带业务接入与综合网络发展统一起来，能够在既定的时空范畴内为客户提供周到、全面的通信服务，这是未来通信技术的一大潮流。现代通信技术的发展已经进入了全新的历史时期，技术变革的速率之快、频次之密集，也是可以预计的。未来的通信技术必然朝着更具活力、生命力和应用力的方向发展，也必然可以满足用户更多的需求，这些都值得我们期待。

四、数字通信中的编码技术

（一）信源编码

信源编码是为了减少信源输出符号序列中的剩余度、提高符号的平均信息量，对信源输出的符号序列所施行的变换。具体来说，就是针对信源输出符号序列的统计特性来寻找某种方法，把信源输出符号序列变换为最短的码字序列，使后者的各码元所载荷的平均信息量最大，同时又能保证无失真地恢复原来的符号序列。

1.格式变换

格式变换的目的是信源消息数字化、比特化，以适应后续的数据压缩、加密编码和信道编码等基于比特流的数字信号处理。格式变换包括模拟信号数字化、数据格式变换。

2.数据压缩

数据压缩的目的是提高通信的有效性，用尽可能少的比特数表述信源的输出信息，用比较简单的办法降低数码率，并在信源译码器中能准确地或以一定的质量损失为容限再现信源信息。

（二）加密编码

加密编码的目的是对信息进行保密，不让非授权者了解。

（三）信道编码

信道编码的主要任务是完成差错控制，因此又被称为差错控制编码，亦称检错纠错编码。信道编码的目的是为了使接收端能对接收到的码元序列进行检错和纠错，以降低错误率，提高通信的可靠性。信道编码的实现方法是在发送端利用信道编码器，按照一定的规则在信息码字中增加一些监督码元，接收端的信道译码器利用监督码元和信息码元之间的监督关系来检验接收到的码字，以发现错误或纠正错误。

差错控制编码提高通信的可靠性是以降低通信的有效性为代价的。差错控制编码的类型有检错码和纠错码。检错码有奇偶检验码、行列奇偶检验码、恒比码、循环冗余检错码（CRC）、BCH码等。纠错码有线性分组码、循环码、卷积码、级联码、Turbo码、LDPC码、交织编码。信道编码中的差错控制方式有以下三种。

1.检错重发

在这种方式中，发送端发送的是具有一定检错能力的检错码，接收端在接收的码字中一旦检测出错误，就通过反馈信道通知发送端重发该码字，直到正确接收为止。

2.前向纠错

前向纠错，又称自动纠错。在这种方式中，发送端发送的是具有一定纠错能力的纠错码，接收端对接收码字中不超过纠错能力范围的差错自动进行纠正。前向纠错的优点是不需要反馈信道，但如果要纠正大量错误，必然要求编码时插入较多的监督码元，因此编码效率低，译码电路复杂。

3.混合纠错

检错重发与前向纠错的结合。

（四）基带传输与调制传输

现代通信中的传输可分为基带传输与调制传输。

①基带传输：将未经调制的基带信息信号直接送往信道传输的信息传输方式。

②调制传输：用信息信号调制正弦载波或脉冲载波的参数形成已调信号后再送往信道传输的信息传输方式的总称。

（五）为什么要进行调制传输？

①调制是有效辐射电磁波的唯一手段。

②无相互干扰的同时传送多路信号的手段之一就是利用调制技术实现的频分多路复用。

③选择适当的调制形式可以抑制不希望的信号的影响，改善通信系统的性能。

（六）与调制有关的术语

1.载波

在调制理论中，通常把不含信息的高频信号称为载波（Carrier），它可能是正弦波，也可能是脉冲序列。

2.调制信号

携带信息并且需要传输的基带信号（或低频信号）称之为调制信号（Modulating Signal）。

3.调制

按调制信号的变化规律去改变载波的某个或某些参数的过程称为调制（Modulation）。

4.已调信号

用调制信号改变载波的某个或某些参数所形成的携带信息的带通信号称为已调信号（Modulated Signal），多数情况下已调信号是一个窄带带通信号。

5.解调

将携带信息的带通信号变回到基带信息信号的过程称为解调（Demodulation）。

6.连续波调制

用正弦波作载波的调制称为连续波调制。连续波调制就是通过改变其幅度或频率或相位来实现。幅度调制是一种广泛使用的模拟调制方式。正弦载波幅度随调制信号而变化的调制，叫作正弦波幅度调制，简称调幅（AM）。双边带调制（DSB）波的上下边带包含的信息相同，两个边带发射是多余的，为节省频带，提高系统的功率和频带的利用率，常采用单边带调制（SSB）系统。残留边带调制（VSB）是介于单边带调制和双边带调制的一种折中的调制方式，它不像单边带调制那样完全抑制双边带调制信号的一个边带，而是逐渐切割，使其残留一小部分。FM 是频率调制（调频），指载波的频率随时间变化；PM 是相位调制（调相），指载波的相位随时间变化。由于这两种调制过程中，使载波的幅度保持恒定不变，而频率和相位的变化都表现为载波瞬时相位的变化，所以把调频和调相统称为角度调制或调角。

数字调制就是把数字基带信号的频谱移到高频处，形成在信道中传输的带通信号。基本的数字调制有振幅键控（ASK）、频移键控（FSK）、绝对相移键控（PSK）、相对（差分）相移键控（DPSK）。振幅键控利用载波的幅度变化来传递数字信息，而且频率和初始相位保持不变；频移键控利用载波的频率的变化来传递数字信息；绝对相移键控利用载波的相位变化来传递数字信息；相对（差分）相移键控利用前后码元的载波相对相位变化传递数字信息。振幅键控是正弦载波的幅度随数字基带信号而变化的数字调制，当数字基带信号为二进制时，则为二进制振幅键控（2ASK）；当数字基带信号为多进制时，则为多进制振幅键控（MASK）。类似地，振幅键控还有 2FSK、MFSK、2MSK、2PSK、MPSK、

MDPSK 等形势。正交振幅调制（QAM）是数字信号的一种调制方式，在调制过程中，同时以载波信号的幅度和相位来代表不同的数字比特编码，把多进制与正交载波技术结合起来，进一步提高频带利用率。

实际上，正交频分复用技术（OFDM）是多载波调制（MCM）的一种。在通信系统中，信道所能提供的带宽通常比传送一路信号所需的带宽要宽得多。如果一个信道只传送一路信号是非常浪费的，为了能够充分利用信道的带宽，就可以采用频分复用的方法。它是"第四代移动通信技术"的核心技术。

正交频分复用技术的主要思想：将信道分成若干正交子信道，将高速数据信号转换成并行的低速子数据流，调制在每个子信道上进行传输。正交信号可以通过在接收端采用相关技术来分开，这样可以减少子信道之间的相互干扰（INI）。每个子信道上的信号带宽小于信道的相关带宽，因此每个子信道上的信号可以看成平坦性衰落，从而可以消除码间串扰，而且由于每个子信道的带宽仅仅是原信道带宽的一小部分，信道均衡变得相对容易。

五、现代通信方式

（一）有线通信和无线通信

1.有线通信

有线通信包括光纤通信和电缆通信。光纤通信是有线通信中的一次革命性变革。它是以光波为载频、以光导纤维为传输介质的通信方式，具有频带宽、容量大、中继距离长、抗电磁干扰、保密性强、成本低、传输质量高、节省大量有色金属等许多优点。

2.无线通信

无线光通信指用自由空间传播的光波来传递信息的通信方式。无线电通信指用自由空间传播的电磁波来传递信息的通信方式。

3.电波传播的方式

（1）地波

沿地面传播的无线电波叫地波，又叫表面波。电波的波长越短，越容易被地面吸收，因此只有长波和中波能在地面传播。地波不受气候影响，传播比较稳定可靠，但在传播过程中，能量被大地不断吸收，因而传播距离不远。所以地波适于较小范围里的通信和广播业务。

（2）天波

经过空中电离层的反射或折射后返回地面的无线电波叫天波。所谓电离层，是地面上空 40 ~ 800km 高度电离了的气体层，包含大量的自由电子和离子。这主要是由大气中的中性气体分子和原子，受到太阳辐射出的紫外线和带电微粒的作用所形成的。电离层能反射电波，也能吸收电波。对频率很高的电波吸收得很少。短波（高频）是利用电离层反射传播的最佳波段，它可以借助电离层这面"镜子"反射传播：被电离层反射到地面后，地面又把它反射到电离层，然后再被电离层反射到地面，经过几次反射，可以传播很远。

一年四季和昼夜的不同时间，电离层都有变化，影响电波的反射，因此天波传播具有不稳定的特点。白天电离作用强，中波无线电波几乎全部被吸收掉，在收音机里难以收到远地中波电台播音；夜晚电离层对短波吸收得比较少，收听到的广播就比较多，声音也比较清晰。由于电离层总处在变化之中，反射到地面的电波有强有弱，所以用短波收音时会出现忽大忽小的衰落现象。太阳黑子爆发会引起电离层的骚动，增加对电波的吸收，甚至会造成短波通信的暂时中断。由于大地对短波吸收严重，所以短波沿地面只能传播几十公里。

（3）空间波

从发射点经空间直线传播到接收点的无线电波叫空间波，又叫直射波。空间波传播距离一般限于视距范围，因此又叫视距传播。超短波和微波不能被电离层反射，主要在空间直接传播，其传播距离很近，易受高山和高大建筑物阻挡，为了加大传输距离，必须架高天线，尽管这样，一般的传输距离也不过50km左右。

微波接力通信是利用空间波传输的一种通信。由于微波的频率极高，频带很宽，能够传送大量的信息，微波通信已被广泛应用。为了加大传输距离，在传送途中，每隔一定距离都要建一个接力站，像接力赛跑一样，把信息传到远处。

（4）散射波

在无法建立微波接力的地区，如沙漠、海疆、岛屿之间的通信，可以利用散射波传递信息。电离层和比电离层低的对流层等，都能散射微波和超短波无线电波，并且可以把它们散射到很远的地方去，从而实现超视距通信。散射信号一般很弱，进行散射通信要求使用大功率发射机，高灵敏度接收机和方向性很强的天线。

4.无线电通信主要方式

（1）微波中继通信

微波是指波长为1m到1mm，或频率为300 MHz到300 GHz范围内的电磁波。微波中继通信是利用微波波段的电磁波在视距范围内以微波接力形式传输信息的通信方式，具有频带宽、容量大的优点。

（2）卫星通信

卫星通信是利用人造地球卫星作为中继站转发无线电信号，在多个地球站之间进行信息交换的通信方式。它实际上是微波中继通信的一种特殊形式，将中继站搬到人造地球卫星上。卫星通信的特点是通信距离远，覆盖面积大，不受地形条件限制，传输容量大，可靠性高。卫星通信包括同步卫星通信（离地面35 860 km）、低轨道地球卫星移动通信和平流层天星通信。平流层天星通信是在平流层（离地面 17~22 km）使用稳定常驻平台作为信息天星与地面控制设备、网关接口设备以及多种无线用户构成通信系统。

（3）移动通信

移动通信指通信双方至少有一方是在移动中进行信息交换的通信方式。现在，移动通信融有线通信、无线通信为一体，固定通信和移动通信互连成全国通信网络，在整个通信产业占据着重要地位。移动通信组网技术的研究内容包括：多址技术、区域覆盖技术、网络结构、移动性管理、网络控制、与其他网络的互联。

多址技术解决有限的信道资源与用户容量的矛盾。区域覆盖技术既解决有限的频率资源与用户容量的矛盾，又解决移动台和基站之间可靠通信的问题。网络结构研究移动通信网的组成、无线网与有线网的连接方式，从而实现移动用户与移动用户、移动用户与有线用户之间互联互通。移动性管理包括位置登记与越区信道切换。网络控制研究如何在用户与移动网络之间、移动网络与固定网络之间交换控制信息，从而对呼叫过程、移动性管理过程和网络互联过程进行控制，以保证网络有序的运行。与其他网络的互联，需要解决在网络中采用什么样的信令的问题。移动通信综合了各种通信技术。

5.3G通信技术

3G 是第三代移动通信技术，指支持高速数据传输的蜂窝移动通信技术。3G 服务能够同时传送声音及数据信息，速率一般在几百 kbps 以上。3G 指将无线通信与国际互联网等多媒体通信结合的新一代移动通信系统，目前 3G 存在 3 种标准：CDMA2000、WCDMA、TD-SCDMA。

3G 下行速度峰值理论可达 3.6 Mbit/s（一说 2.8 Mbit/s），上行速度峰值也可达 384 kbit/s。不可能像网上说的每秒 2G，当然，下载一部电影也不可能瞬间完成。

中国国内支持国际电联确定三个无线接口标准，分别是中国电信的 CDMA2000、中国联通的 WCDMA 和中国移动的 TD-SCDMA。GSM 设备采用的是时分多址技术，而 CDMA 使用码分扩频技术，先进功率和语音激活至少可提供大于 3 倍 GSM 网络容量，业界将 CDMA 技术作为 3G 的主流技术，国际电联确定三个无线接口标准，分别是美国 CDMA2000，欧洲 WCDMA，中国 TD-SCDMA。原中国联通的 CDMA 卖给中国电信，中国电信已经将 CDMA 升级到 3G 网络，3G 主要特征是可提供移动宽带多媒体业务。

已有 538 个 WCDMA 运营商在 246 个国家和地区开通了 WCDMA 网络，3G 商用市场份额超过 80%，而 WCDMA 向下兼容的 GSM 网络已覆盖 184 个国家，遍布全球，WCDMA 用户数已超过 6 亿。

3G 是第三代移动通信技术，是下一代移动通信系统的通称。3G 系统致力于为用户提供更好的语音、文本和数据服务。与 2G 技术相比较而言，3G 技术的主要优点是能极大地增加系统容量、提高通信质量和数据传输速率。此外利用在不同网络间的无缝漫游技术，可将无线通信系统和互联网连接起来，从而可对移动终端用户提供更多更高级的服务。

3G 与 2G 的主要区别是在传输声音和数据的速度上的提升，它能够在全球范围内更好地实现无线漫游，并处理图像、音乐、视频流等多种媒体形式，提供包括网页浏览、电话会议、电子商务等多种信息服务，同时也要考虑与已有第二代系统的良好兼容性。为了提供这种服务，无线网络必须能够支持不同的数据传输速度，也就是说在室内、室外和行车的环境中能够分别支持至少 2 Mbps（兆比特 / 每秒）、384 Kbps（千比特 / 每秒）以及 144 Kbps 的传输速度（此数值根据网络环境会发生变化）。

模拟移动通信具有很多不足之处，比如容量有限；制式太多、互不兼容、不能提供自动漫游，很难实现保密，通话质量一般，不能提供数据业务等。

第二代数字移动通信克服了模拟移动通信系统的弱点，话音质量、保密性得到了很大提高，并可进行省内、省际自动漫游。但由于第二代数字移动通信系统带宽有限，限制了数据业务的应用，也无法实现移动的多媒体业务。同时，由于各国第二代数字移动通信系统标准不统一，因而无法进行全球漫游。比如，采用日本的 PHS 系统的手机用户，只有在日本国内使用，而中国 GSM 手机用户到美国旅行时，手机就无法使用了。而且 2G 的 GSM 的信号覆盖盲区也较多，一般高楼、偏远地方信号都会较差，这个问题是通过加装蜂信通手机信号放大器来解决的。

和第一代模拟移动通信和第二代数字移动通信相比，第三代移动通信是覆盖全球的多媒体移动通信。它的主要的特点之一是可实现全球漫游，使任意时间、任意地点、任意人之间的交流成为可能。也就是说，每个用户都有一个个人通信号码，带着手机，走到世界任何一个国家，人们都可以找到你，而反过来，你走到世界任何一个地方，都可以很方便地与国内用户或他国用户通信，与在国内通信时毫无分别。能够实现高速数据传输和宽带多媒体服务是第三代移动通信的另一个主要特点。这就是说，用第三代手机除了可以进行普通的寻呼和通话外，还可以上网读报纸，查信息、下载文件和图片；由于带宽的提高，第三代移动通信系统还可以传输图像，提供可视电话业务。

6.4G 通信技术

3G 时代（包括之前的 2G 时代）完成了从固定到移动的革命，但依旧没能解决网速慢、客户体验差的问题，这也成为研究 4G 的原因。事实上，国际电信联盟对 4G 的定义比较简单，4G 是一种提供高速移动网络宽带的服务，最大传输速率需达到 100 Mbit/s。按照这个简单的定义可知，高速是 4G 时代最核心的特色，即使是考虑同时上网人数的影响，4G 网速依旧能 10 倍于现存的 WCDMA 或者 CDMA2000 等 3G 技术。

工业和信息化部根据相关企业申请，依据《中华人民共和国电信条例》，本着"客观、及时、透明和非歧视"原则，按照《电信业务经营许可管理办法》，对企业申请进行审核，于 2013 年 12 月 4 日向中国移动通信集团公司、中国电信集团公司和中国联合网络通信集团有限公司颁发"LTE/第四代数字蜂窝移动通信业务（TDLTE）"经营许可。在2013年11月举行的"TDLTE技术与频谱研讨会"上，工业和信息化部对TDD频谱规划使用做了详细说明。具体如下：

中国移动共获得130 MHz，中国联通获得40 MHz，中国电信获得40 MHz。

7.5G通信技术

5G是一个通俗称法，官方名称为移动通信系统IMT-2020。5G技术主要具备五大特征："无与伦比地快""人多也不怕""什么都能通信""最佳体验如影随形""超实时、超可靠"。其中，"无与伦比地快"是5G技术最凸显的特征。

相比3G、4G网络，5G网络在数据容量和连接速度上将会是一项质的飞跃，是3G甚至4G都无法比拟的。测试证明，手机在5G网络的下载速度最快可达3.6Gbit/s，比4G网络的下载速度快出10倍。具体来说，使用5G网络，上网不会出现延迟、数据加载进度条等。对于5G网络速度，很多人会联想到3G和4G网速。众所周知，目前3G和4G网络速度深受宽带资源的制约，很多人担心5G网络也是如此。但是，事实证明5G网络不会重蹈覆辙。5G网络的提速主要基于提高无线电信号的无线传输和接收技术的进步，借此提高效率。换言之，5G技术是一项不同于3G和4G的新技术。这项新技术具体可称为一种"新的无线访问协议"。

关于5G的网络愿景，我国官方5G研发工作平台IMT-2020推进组表示，5G将为用户提供"光纤般"接入速率、"零"时延的使用体验、千亿设备的连接能力、超高流量密度、超高连接数密度和超高移动性等多场景的一致服务，业务及用户感知的智能优化，同时将为网络带来超百倍能效提升和超百倍的比特成本降低，实现"信息随心至，万物触手及"。

按照全球进程，2015年底正式开始5G候选技术标准的征集与评估工作，到2018年年底完成标准化工作，2019年开始进行试商用。如果达成相关的标准技术规范，大公司将会开始慢慢升级他们在世界各地的蜂窝数据设施，而且5G设备也会开始推出。

从目前5G在全球各个地区活跃程度来看，亚太区的参与活跃程度比较高，这得益于政府的强力推动。从具体国家来看，韩国5G研发技术最快，其次为英国。早在2012年末，由英国政府资助，萨里大学牵头，联合多家企业，包括沃达丰、英国电信、华为、富士通、三星等创立了5G创新中心，致力于未来用户需求、5G网络关键性能指标、核心技术的研究与评估验证。

从国内来看，我国相关机构和多家企业都在加大力度，辛苦耕耘。2013年年初，我国工业和信息化部、国家发改委、科技部等部门联合发起成立了IMT-2020推进组。未来，IMT-2020推进组极有可能代表中国提出5G全球标准。根据可靠消息，预计到2018年，华为将投入6亿美元用于5G网络技术研发。同时，华为与英国运营商沃达丰签署了5年协议，未来5年沃达丰在欧洲的电信设施升级换代将由华为来完成。

（二）单向和双向、单工和双工通信

前述通信系统是单向通信系统，但在多数场合下，信源兼为信宿，需要双向通信，电话就是一个最好的例子，这时通信双方都要有发送和接收设备，并需要各自的传输媒质。如果通信双方共用一个信道，就必须用频率或时间分割的方法来共享信道。因此，通信过程中涉及通信方式与信道共享问题。

对于点与点之间的通信，按消息传递的方向与时间关系，通信方式可分为单工、半双工及全双工通信。如果只按信息信号传送的方向，通信的工作方式可分为单向通信和双向通信。双向通信包括全双工和半双工两种通信方式。在数字通信中，按数字信号代码排列的顺序可分为并行传输和串行传输。

1.单向通信

在单向通信方式中，信息只能向一个方向传送，任何时候都不能改变传输方向。

2.双向通信

通信双方都能同时收发信息，进行双向传输的工作方式。

3.单工（Simplex）通信

数据信号只能沿着一个方向传输，发送方只能发送不能收，接收方只能接收而不能发送，任何时候都不能改变信号传输的方向。例如，无线电广播和电视广播。

4.半双工（Half-Duplex）通信

数据信号可以沿两个方向传输，但两个方向不能同时发送数据，必须交替进行。半双工通信适用于会话式通信，例如警察使用的"对讲机"和军队使用的"步话机"。

5.全双工通信

通信双方可同时进行收发消息的工作方式，一般情况全双工通信的信道必须是双向信道。数据信号可以同时沿两个方向传输，两个方向可以同时进行发送和接收。普通电话、手机都是最常见的全双工通信方式，计算机之间的高速数据通信也是这种方式。全双工通信的实现方式有频分双工（FDD）和时分双工（TDD）两种。

频分双工：用不同的发送频率和接收频率实现双工通信的工作方式。收发频率之差称为双工频率间隔。在FDMA系统中，收发频段是分开的，所有移动台均使用相同的接收和发送频段，因而移动台到移动台之间不能直接通信，必须经过基站中转。

频分双工需要两个独立的信道。频分双工实现全双工通信，时分双工也称为半双工，只需要一个信道。收发双方传送信息都采用这同一个信道。因为发射机和接收机不会同时操作，它们之间不可能产生干扰。

6.并行传输

并行传输也叫并行通信。将代表信息的数字序列以成组的方式在两条或两条以上的并行信道上同时传输，优点是节省传输时间，但需要的传输信道多，设备复杂，成本高，故一般适用于计算机和其他高速数字系统，特别适用于设备之间的近距离通信。

7.串行传输

串行传输也叫串行通信。数字序列以串行方式一个接一个地在一条信道上传输，通常，一般的远距离数字通信都采用这种传输方式。

六、现代通信网络技术

现代通信不限于两个用户之间的点对点通信，还要实现多用户之间任意两个用户之间的点对点通信，以及多点对多点的通信和一点对多点的广播式通信。

在通信点很多的场合，由于通信对象是不固定的，需要将众多的用户组成一个通信网，在这个通信网中实现用户与网中任何其他用户的点对点、一点对多点或多点对多点的选址通信。通信网是一种按照通信标准和协议，使用交换设备和传输设备，将地理位置分散的用户终端设备互联起来，实现任意用户之间的信息传输与交换的通信系统。

常见的网络有电信网、广播电视网和计算机网三大类。电信网包括公用电话网（PSTN）、蜂窝式移动电话网、分组交换网、数字数据网（DDN）和综合业务数字网（ISDN）。广播电视网包括无线广播电视网和有线电视网。计算机网分为局域网（LAN）、城域网（MAN）、广域网（WAN）、个域网（PAN）和因特网。三网合一指电信网、广播电视网、计算机网融合通信。通信网络技术主要有通信组网技术、多路复用、多址接入技术、数字交换技术、通信同步技术。

1.通信组网技术

通信组网技术解决通信网的网络结构（拓扑结构、体系结构、无线网的区域覆盖方式）、网络接入与选址技术、网络控制和管理、通信网的业务与服务质量保证（QoS）等方面的问题。通信网一般分为干线网和接入网。干线网是网络中的主要线路组成的网络。接入网是接入用户设备的网络。通信网的分层结构通常按纵向分层的观点划分。

2.多路复用

多路复用通常表示在一个信道上传输多路信号或数据流的过程和技术。因为多路复用能够将多个低速信道整合到一个高速信道进行传输，从而有效地利用了高速信道。多个基带信息流用户复用一个宽带信道。在发送端将若干独立无关的分支信号合并为一个复合信号，然后送入同一个信道内传输，接收端再将复合信号分解开，恢复原来的各分支信号，称为多路复用。最常用的多路复用技术是频分多路复用和时分多路复用，另外还有统计时分多路复用和波分多路复用技术。

频分多路复用（FDM）是把线路的频带资源分成多个子频带，分别分配给用户形成数据传输子通路，每个用户终端的数据通过专门分配给它的子通路传输，当该用户没有数据传输时，别的用户不能使用，此通路保持空闲状态。频分多路复用主要适用于传输模拟信号的频分制信道。在数据通信中，频分多路复用需要和调制解调技术结合使用。频分多路复用的优点：多个用户共享一条传输线路资源。频分多路复用的缺点：给每个用户预分配好子频带，各用户独占子频带，使得线路的传输功能不能充分利用。

时分多路复用（TDM）采用固定时隙分配方式，即一条物理信道按时间分成若干时间片（称为"时隙"），轮流地分配给多个信号使用，使得它们在时间上不重叠。每一时间片由复用的一个信号占有，利用每个信号在时间上的轮流传输，在一条物理信道上传输多个数字信号。通过时分多路复用技术，多路低速数字信号可复用一条高速数据传输速率的信道。时分多路复用的优点：多路低速数字信号可共享一条传输线路资源。时分多路复用的缺点：时隙是预先分配且固定不变的，每个用户独占时隙，时隙的利用率较低，线路的传输能力不能充分利用。

统计时分多路复用（STDM）根据用户实际需要动态地分配线路资源，因此也叫动态时分多路复用或异步时分多路复用。也就是当某一路用户有数据要传输时才给它分配资源，若用户暂停发送数据时，就不给其分配线路资源，线路的传输能力可用于为其他用户传输更多的数据，从而提高了线路利用率。这种根据用户的实际需要分配线路资源的方法称为统计时分多路复用。统计时分多路复用的优点：线路传输的利用率高。这种方式特别适于计算机通信中突发性或断续性的数据传输。

波分多路复用（WDM）是在一根光纤中同时传输多个波长光信号的一项技术。其基本原理是在发送端将不同波长的光信号组合起来（复用），送入到光缆线路上的同一根光纤中进行传输，在接收端又将组合波长的光信号分开（解复用），恢复出原信号后送入不同的终端。

波分多路复用系统按工作波长的波段不同可以分为两类：一类是在整个长波段内信道间隔较大的复用，称为粗波分复用（CWDM），另一类是在 1550 nm 波段的密集波分复用（DWDM）。

波分多路复用系统基本构成主要有两种形式：双纤单向传输和单纤双向传输。WDM技术的主要优点：①充分利用光纤的巨大带宽资源，使一根光纤的传输容量比单波长传输增加几倍至几十倍；②各波长相互独立，可传输特性不同的信号，完成各种业务信号的综合和分离，实现多媒体信号的混合传输；③使多个波长复用起来在单根光纤中传输，并且可以实现单根光纤的双向传输，以节省大量的线路投资；④可降低对一些器件在性能上的极高要求，同时又可实现大容量传输；⑤充分利用成熟的 TDM 技术，且对光纤色散无过高要求；⑥可实现组网的灵活性、经济性和可靠性，并可组成全光网。

3. 多址接入

（1）多址接入的定义

多址接入指通信网络具有多个用户通过公共的信道接入到网络的能力。多个射频用户复用一个射频信道，也称为射频复用。

（2）多址通信与多路复用的关系

多址通信和多路复用技术有相似之处，多址通信和多路复用技术的理论基础都是信号的正交分割原理。但多址通信是指多个电台或通信站的射频信号在射频频道上的复用，以达到各站、台之间同一时间、同一方向的用户间的多边通信；多路复用通信是指一个站内的多路低频信号在群频信道上的复用，以达到两个台、站之间双边点对点的多用户通信。

（3）无线多址技术

无线多址技术主要包括有频分多址（FDMA）、时分多址（TDMA）、码分多址（CDMA）、空分多址（SDMA）、极化分割多址（PDMA），以及它们的组合方式。频分多址（FDMA）：将给定的频率资源划分为若干等间隔的频道供不同的用户使用。在频分多址中，信道指的是频道。频分多址系统通常采用频分双工方式实现双工通信。时分多址（TDMA）：把时间分割成互不重叠的周期性的帧，每一帧再分割成若干互不重叠的时隙，用户在指定的时隙内进行通信。在时分多址中，时隙就是信道。在时分多址系统中实现双工通信既可采用FDD方式，也可采用TDD方式。码分多址（CDMA）：以扩频技术为基础，利用不同码型实现不同用户的信息传输。在码分多址系统中，码型代表信道。码分多址系统中多址方式有FHCDMA和DSCDMA。空分多址（SDMA）：通过空间的分割来区分不同的用户。在移动通信中，能实现空间分割的基本技术就是采用自适应阵列天线，在不同的用户方向上形成不同的波束，不同的波束可采用相同的频率和相同的多址方式，也可采用不同的频率和不同的多址方式。在空分多址系统中，波束代表信道。极化分割分多址（PDMA）：使用分离天线，每个天线使用不同的极化方式且后接分离的接收机，实现频带再利用。

4.数字复接

数字复接就是指将两个或多个低速数字流合并成一个高速率数字流的过程、方法或技术。它是进一步提高线路利用率、扩大数字通信容量的一种有效方法。比如对30路电话进行PCM复用（采用8位编码）后，通信系统的信息传输速率为$8000 \times 8 \times 32 = 2.048$ Mbit/s，即形成速率为2048 Kbit/s的数字流（比特流）。现在要对120路电话进行时分复用，即把4个2048 Kbit/s的数字流合成为一个高速数字流，就必须采用数字复接技术才能完成。不论是准同步数字体系（PDH）还是同步数字体系（SDH），都是以2.048 Mbit/s为基础群。

5.数字交换技术

（1）信息交换方式

信息交换指信息在不同线路、终端或网络之间的切换过程或分发过程。信息交换主要有电路交换、报文交换、分组交换、异步转移模式（ATM）、IP交换、多协议标签交换（MPLS）等基本方式。

（2）交换设备

交换设备在通信网中的地位：通信网由用户终端设备、传输设备、交换设备和通信软件与协议组成。它由交换设备完成接续，使网内任一用户可与另一用户进行通信。交换设备的发展方向：人工电话交换机—步进制交换机—纵横制交换机—程控数字交换机—软交换、光交换机。

（3）程控数字交换机

程控数字交换机就是用计算机存储程序控制的、采用脉冲编码调制（绝大多数情况下）时分多路复用技术进行时隙交换的全电子式自动交换机。在程控数字交换机中，交换的控制方式是计算机存储程序控制。预先编好的程序存储在计算机内，时刻不停地监视收集交换对象的连接需求，实时地做出响应，以存储程序的指令实行智能控制，完成通话接续、呼叫处理。此外，存储程序控制具有很高的智能，能提供多样化的用户服务性能、交换机运转维护性能和电话网的网络管理功能，增改性能也只需修改或输入新程序即可实现。

（4）软交换

软交换的概念最早起源于美国。当时在企业网络环境下，用户采用基于以太网的电话，通过一套基于 PC 服务器的呼叫控制软件，实现 PBX 功能，这就是基于 IP 的电话交换机（IPPBX）。对于这样一套设备，系统不需单独铺设网络，而只通过与局域网共享就可实现管理与维护的统一，综合成本远低于传统的 PBX。由于企业网环境对设备的可靠性、计费和管理要求不高，主要用于满足通信需求，设备门槛低，许多设备商都可提供此类解决方案，因此电话交换机的应用获得了巨大成功。受到电话交换机成功的启发，为了提高网络综合运营效益，网络的发展更加趋于合理、开放，更好地服务于用户。业界提出了这样一种思想：将传统的交换设备部件化，分为呼叫控制与媒体处理，二者之间采用标准协议（例 MGCP、H.248）且主要使用纯软件进行处理，于是，软交换（Soft Switch）技术应运而生。

软交换概念一经提出，很快便得到了业界的广泛认同和重视。根据国际软交换论坛（ISC）的定义，软交换是基于分组网利用程控软件提供呼叫控制功能和媒体处理相分离的设备和系统。因此，软交换的基本含义就是将呼叫控制功能从媒体网关（传输层）中分离出来，通过软件实现基本呼叫控制功能，从而实现呼叫传输与呼叫控制的分离，为控制、交换和软件可编程功能建立分离的平面。软交换主要提供连接控制、翻译和选路、网关管理、呼叫控制、带宽管理、信令、安全性和呼叫详细记录等功能。与此同时，软交换还将网络资源、网络能力封装起来，通过标准开放的业务接口和业务应用层相连，可方便地在网络上快速提供新的业务。随着计算机和通信技术的不断发展，在一个公共的分组网络中承载语音，数据、图像已经被越来越多的运营商和设备制造商所认同。

（5）光交换

现在还未有一种普遍认可的光交换技术，因而相互竞争的技术种类繁多。光交换机、光交叉连接矩阵和光路由器等名词常常混用，但在业内人士看来它们是有所差别的。光交换是对链路中用户信道之间光信号做实时通断和换接处理，涉及大量用户信道且交换频繁；光交叉连接则实现通信网络中的光信号在不同链路间建立连接或切换路由。全光交换是通信发展历程上的必由之路，但只能是一个逐步演进的过程，交换结点将长期保持半透明，而在网络边缘仍将采用电的复用方案，或者说 OXC 和电域 IP 路由器相结合的方案。

6.通信同步技术

软件无线电的体系结构是将模块化、标准化的硬件单元以总线方式连接，构成基本平台，并通过软件加载实现各种无线电通信功能的一种开放式体系结构。软件无线电不是不要硬件，而是把硬件作为一个基本平台，通信功能是通过软件加载实现的。软件无线电的实现，一种是以数字信号处理器（Digital Signal Processor，DSP）为基础的软件无线电；另一种是以通用机为基础的软件无线电。以 DSP 为基础的软件无线电硬件容易实现，但软件加载受到限制；以通用机为基础的软件无线电软件加载容易，但硬件实现比较困难。目前，有实用价值的是以 DSP 为基础的软件无线电。

第三节　通信的质量保障技术

一、通信系统的主要性能指标

通信的任务是传递信息，传输信息的有效性和可靠性是通信系统最主要的性能指标。所谓有效性（Efficiency），是指在给定的信道内传输的信息内容的多少，表征通信系统传输信息的数量指标。所谓可靠性（Reliability），是指接收信息的准确程度，表征通信系统传输信息的质量指标。

有效性是指在给定信道内所传输的信息内容的多少，是传输的"速度"问题；可靠性是指接收信息的准确程度，是传输的"质量"问题。有效性和可靠性两者相互矛盾而又相互联系，通常也是可以互换的。模拟通信系统的有效性可用有效传输频带来度量，同样的消息用不同的调制方式，则需要不同的频带宽度。可靠性用接收端最终输出信噪比来度量。不同调制方式在同样信道信噪比下所得到的最终解调后的信噪比是不同的。数字通信系统的有效性可用传输速率来衡量，可靠性可用差错率来衡量。

码元传输速率 A：数字通信系统的有效性用码元传输速率或信息传输速率来衡量。码元传输速率，即码元速率或传码率，为秒钟传送码元的数目，单位为波特（Baud），简记为"BD"。

信息传输速率即信息速率或传信率，为每秒传输的信息量，单位为 bit/s。对于 M 进制码元，其信息速率 R_b 与码元速率 R_B 的关系为 $R_b=R_B\log_2 M$（bit/s）。数字通信系统的可靠性用差错率来衡量。差错率越小，可靠性越高。差错率有两种表示方法：一为误信率；二为误码率。误信率又称误比特率（Bit Error Rate，BER），指收信者收到的错误信息量在传输信息总量中所占的比例，即码元信息量在传输中被传错的概率。

二、通信频率配置

单位时间内完成振动的次数，是描述振动物体往复运动频繁程度的量，常用符号 f 或 v 表示，单位为 S^{-1}。为了纪念德国物理学家赫兹的贡献，人们把频率的单位命名为赫兹，简称"赫"。每个物体都有由它本身性质决定的与振幅无关的频率，叫作固有频率。频率概念不仅在力学、声学中应用，在电磁学和无线电技术中也常用。交变电流在单位时间内完成周期性变化的次数，叫作电流的频率。

配置环境变量（Configuration）是一个规范定义了基本的 J2ME 运行环境，包括虚拟机和一组源自 J2SE 的核心类子集。每一个配置环境变量都对应于一组具有类似能力的设备。例如，某一配置环境变量可能被定义为针对内存比较富裕而且有网络连接的嵌入设备，其虚拟机可能是一个完整的 JVM，API 可能是 J2SE 中 API 的一个比较大的子集；而另一个配置环境变量可能被定义为针对内存较少且只有简单网络连接的设备，其虚拟机可能是 JVM 的一个子集，其 API 可能为 J2SE 中 API 的一个最小子集再加上其他少量特定 API。

三、通信法规与通信标准

通信涉及双方或多方，且超越国界，包括点与点、点与端、端与端，以及网络间的信息交互。因此，通信的业务运营、设备的管理、研发、生产、进口和销售等工作都将受到政策法规与技术标准的指导及制约。涉的标准一般由国家标准局发布。涉及通信的政策法规主要由各国政府部门制定，其对于通信运营最主要的影响是"准入"。在任何国家，电信业务基本上都受到制约，需经过政府部门批准。例如，在我国工业和信息化部无线电管理局和国家无线电监测中心公布了《无线电发射设备型号核准检测检验依据》，汇集了与无线电发射设备有关的文件和标准，具体明确了每种产品的检验依据、参照标准和核准频率范围。通信不仅在国内需要规定统一的各种标准，在国际上也需要制定各国应共同遵循的国际标准。通信行业中的技术标准主要由各种技术标准化团体及相关的行业协会负责制定。主要的标准化组织有国际电信联盟（ITU）、电气和电子工程师学会（IEEE）、国际标准化组织（ISO）等。

四、通信系统的仿真

通信系统的仿真就是通过构建通信系统的模型的运行结果来分析实物系统的性能，从而为新系统的建立或原系统的改造提供可靠的参考。目前，通信系统仿真实质上就是把硬件实验搬进了计算机，可以把它看成一种软件实验。因此，通信系统的仿真主要依靠特定的计算机软件的设计和运行。

（一）MATLAB

MATLAB（矩阵实验室）是 MA Trix LA Boratory 的缩写，是一款由美国迈斯沃克（Math Works）公司出品的商业数学软件。MATLAB 是一种用于算法开发、数据可视化、数据分析，以及数值计算的高级技术计算语言和交互式环境。除了矩阵运算、绘制函数 / 数据图像等常用功能外，MATLAB 还可以用来创建用户界面及与调用其他语言（包括 C、C++ 和 FORTRAN）编写的程序。

尽管 MATLAB 主要用于数值运算，但利用为数众多的附加工具箱（Toolbox）它也适合不同领域的应用，如控制系统设计与分析、图像处理、信号处理与通信、金融建模和分析等。另外，还有一个配套软件包 Simulink，提供了一个可视化开发环境，常用于系统模拟、动态 / 嵌入式系统开发等方面。

MATLAB 和 Mathematica、Maple 并称为三大数学软件。它在数学类科技应用软件的数值计算方面首屈一指。MATLAB 可以进行矩阵运算、绘制函数和数据、实现算法、创建用户界面、连接其他编程语言的程序等，主要应用于工程计算、控制设计、信号处理与通信、图像处理、信号检测、金融建模设计与分析等领域。

（二）System View

System View 是一个用于现代工程与科学系统设计及仿真的动态系统分析平台。从滤波器设计、信号处理、完整通信系统的设计与仿真，直到一般的系统数学模型建立等各个领域，System View 在友好而且功能齐全的窗口环境下，为用户提供了一个精密的嵌入式分析工具。

System View 是美国和欣（ELANIX）公司推出的，基于 Windows 环境下运行的用于系统仿真分析的可视化软件工具，它使用功能模块（Token）描述程序。利用 System View，可以构造各种复杂的模拟、数字、数模混合系统和各种多速系统，因此，它可用于各种线性或非线性控制系统的设计和仿真。用户在进行系统设计只需从 System View 配置的图标库中调出有关图标并进行参数设置，完成图标间的连线，然后运行仿真操作，最终以时域波形、眼图、功率谱等形式给出系统的仿真分析结果。

（三）先进设计系统

先进设计系统（Advanced Design System，ADS），是安捷伦科技有限公司（Agilent）为适应竞争形势，为了高效地进行产品研发生产，而设计开发的一款电子设计自动化（Electronic Design Automation，EDA）软件。它因其强大的功能、丰富的模板支持和高效准确的仿真能力（尤其在射频微波领域），迅速成为工业设计领域电子设计自动化软件的佼佼者。先进设计系统是高频设计的工业领袖。它支持系统和射频设计师开发所有类型的射频设计，从简单到复杂，从射频 / 微波模块到用于通信和航空航天 / 国防的 MMIC。通过从频域和时域电路仿真到电磁场仿真的全套仿真技术，先进设计系统让设计师全面表征和优化设计。单一的集成设计环境提供系统和电路仿真器，以及电路图捕获、布局和验证能力，因此不需要在设计中停下来更换设计工具。

先进设计系统是强大的电子设计自动化软件系统。它为蜂窝和便携电话、寻呼机、无线网络以及雷达和卫星通信系统这类产品的设计师提供完全的设计集成。先进设计系统电子设计自动化功能十分强大，包含时域电路仿真（SPICE-like Simulation）、频域电路仿真（Harmonic Balance、Linear Analysis）、三维电磁仿真（EM Simulation）、通信系统仿真（Communication System Simulation）、数字信号处理仿真设计（DSP）。先进设计系统是当今国内各大学和研究所使用最多的微波 / 射频电路和通信系统仿真软件。

此外，安捷伦（Agilent）公司和多家半导体厂商合作建立先进设计系统 Design Kit 及 Model File 供设计人员使用。使用者可以利用 Design Kit 及软件仿真功能进行通信系统的设计、规划与评估，以及 MMIC/RFIC、模拟与数字电路设计。除上述仿真设计功能外，先进设计系统软件也提供辅助设计功能，如 Design Guide 是以范例及指令方式示范电路或系统的设计流程，而 Simulation Wizard 是以步骤式界面进行电路设计与分析。先进设计系统还能提供与其他电子设计自动化软件，如 SPICE、Mentor Graphics 的 ModelSim、Cadence 的 NC Verilog、Math works 的 Matlab 等做协仿真（Co-Simulation），加上丰富的元件应用模型 Library 及测量/验证仪器间的连接功能，将能增加电路与系统设计的方便性、速度与精确性。

五、通信系统与网络测量

（一）网络测量

网络测量是按照某种规律，用数据来描述观察到的现象，即对事物做出量化描述。测量是对非量化实物的量化过程。测量是按照某种规律，用数据来描述观察到的现象，即对事物作出量化描述。测量是对非量化实物的量化过程。

1.测量

精确地捕捉定量的因特网及其活动的测量数据。通常，网络测量的主要参数包括

RTT、路径数据、带宽、延迟、瓶颈、突发业务量的频率、拥塞程度、动态瓶颈、站点的可达性、吞吐量、带宽利用率、丢包率、服务器和网络设备的响应时间、最大的网络流量、网络服务质量 QoS（包括图像、数据、语音等服务的质量）等。需要指出的是，在网络层次的测量中，需要测量的一类属性是网络固有的，如它的拓扑、连接容量、延迟；另一类属性反映了网络的当前状态，如排队延迟、连接可用性、路由的动态性。

2. 模型化

模型化是性能评价的核心问题，建立正式的网络描述与模拟是模型化的主要内容。这种模型的有效应用可实现对未来网络行为的预测。

3. 控制

利用从测量和模型化得到的知识，实现因特网资源的合理配置与使用。

（1）网络监视

网络监视包括对网络运行情况的监视、网络资源的监视和网络性能（如业务吞吐量、时延、丢包率、RTT、带宽利用率、网络伸缩性等）的监视等，并可提交故障及异常事件报告，作出相应的评价。

（2）网络质量控制和辅助性网络管理

网络质量控制和辅助性网络管理包括发现并改正病态路由、根据长期观察的路由数据对网络选路制定策略、网络被破坏后的网络资源自组织等。

（3）防范网络攻击

防范大规模网络攻击，同时为信息攻击对抗提供必要的网络测绘和流量分析。通过在大范围内进行网络行为监控，有可能发现网络异常，为防范大规模网络攻击提供预警手段，使国家对网络管理更具宏观控制力。

（4）网络测量

网络测量还可以应用于对不同互联网服务提供商（Internet Service Provider，ISP）的服务质量（Quality of Service，QoS）的比较、移动 IP 的位置发现、代理服务器的自动选择等许多方面；为仿真模拟互联网环境、协议设计与评价以及动态网络存活性分析提供研究基础；为互联网流量工程（Traffic Engineering）和网络行为学（Network Behavior）的研究提供基础辅助依据及验证平台。

（二）网络测量与性能评价方法

通信系统与网络测量的主要目的是为了获得目标系统的信号频谱、误码率、性能、脆弱性、流量等指标。为此，除了测量法外，还可以采用分析法、模拟法。通常这些方法可能同时应用。

1.测量法

测量法是对通信系统、网络系统本身进行观测，收集各种事件的统计资料，再加以分析以评价网络性能的一种方法。

2.分析法

将实际系统化为数学模型，然后求出分析表达式，并求解用以表示系统性能，这就是分析法。作为一种数学工具，分析法起到了重要作用，而且收到了很好的效果。

3.模拟法

模拟法通过计算机程序得到一些结果，然后，利用所得到的结果来分析网络的性能。

第五章

数据通信的概述

第一节　数据通信的概念

数据通信是通信技术和计算机技术相结合而产生的一种新的通信方式。要在两地间传输信息必须有传输信道。根据传输媒体的不同，数据通信有有线数据通信与无线数据通信之分，但它们都是通过传输信道将数据终端与计算机连接起来，而使不同地点的数据终端实现软、硬件和信息资源的共享。

数据通信讨论的是从一个设备到另一个设备传输信息。协议定义了通信的规则，以便发送者和接收者能够协调他们的活动。在物理层上，信息被转换成可以通过有线媒体（铜线或光缆）或无线媒体（无线电或红外线传输）传输的信号。高层协议则定义了传输信息的封装、流控制和在传输中被丢失或破坏信息的恢复技术。

随着计算机的广泛应用，特别是互联网的出现与发展，人们对信息技术的需求和依赖越来越大，也就促进了数据通信的快速发展。

（一）数据与数据信号

1.数据

数据是预先约定的、具有某种含义的任何一个数字或一个字母(符号)以及它们的组合。例如，约定用数字"1"表示电路接通，数字"0"表示电路断开。这里，数字"1"和"0"就是数据。在计算机科学中，数据是：所有能输入到计算机并被计算机程序处理的符号的介质的总称；用于输入电子计算机进行处理，具有一定意义的数字、字母、符号和模拟量等的通称；组成地理信息系统的最基本要素。数据的种类很多，按性质分为：定位的，如各种坐标数据；定性的，如表示事物属性的数据（居民地、河流、道路等）；定量的，反映事物数量特征的数据，如长度、面积、体积等几何量或重量、速度等物理量；定时的，反映事物时间特性的数据，如年、月、日、时、分、秒等。数据按表现形式分为：数字数据，如各种统计或测量数据；模拟数据，由连续函数组成，又分为图形数据（如点、线、面）、符号数据、文字数据和图像数据等。数据按记录方式分为地图、表格、影像、磁带、纸带数据。数据按数字化方式分为矢量数据、格网数据等。在地理信息系统中，数据的选择、类型、数量、采集方法、详细程度、可信度等，取决于系统应用目标、功能、结构和数据处理、管理与分析的要求。

2.数据信号

根据数据的定义可以看出，数据有很多，若通信过程中直接传输这些数据，要用许多不同形状的电压来表示它们，这是不现实的。解决办法是采用代码。例如用 1000001 表示 A，用 1011010 表示 Z，再把这些"1"和"0"代码用二电平电压（电流）波形来表示并传输，这就解决了用少量电压（电流）波形来表示众多数据字符的矛盾。这里所说的代码就是二进制的组合，即二进制代码。数据用传输代码（二进制代码）表示（即用若干"1"和"0"的组合表示每一个数据）就变成了数据信号。幅值被限制在有限个数值之内，不是连续的而是离散的信号称为数字信号；波形模拟着信息的变化而变化，幅度连续（连续的含义是在某一取值范围内可以取无限多个数值）的信号称为模拟信号。

信号的数字化需要三个步骤：抽样、量化和编码。抽样是指用每隔一定时间的信号样值序列来代替原来在时间上连续的信号，也就是在时间上将模拟信号离散化。量化是用有限个幅度值近似原来连续变化的幅度值，把模拟信号的连续幅度变为有限数量的有一定间隔的离散值。编码则是按照一定的规律，把量化后的值用二进制数字表示，然后转换成二值或多值的数字信号流。这样得到的数字信号可以通过电缆、微波干线、卫星通道等数字线路传输。在接收端则与上述模拟信号数字化过程相反，再经过后置滤波又恢复成原来的模拟信号。

数据是具有某种含义的数字信号的组合，如字母、数字和符号等。这些字母、数字和符号在传输时，可以用离散的数字信号逐一准确地表达出来，例如可以用不同极性的电压、电流或脉冲来代表。将这样的数据信号加到数据传输信道上进行传输，到达接收地点后再正确地恢复出原始发送的数据信息。数据信号是在时间和幅度上都取有限离散数值的电信号即数字信号。

（二）数据通信的概念

1.数据通信的概念

传输数据信号的通信是数据通信，为了使整个数据通信过程能按一定的规则有顺序地进行，通信双方必须建立一定的协议或约定，并且具有执行协议的功能，这样才实现了有意义的数据通信。严格来讲，数据通信的定义：依照通信协议，利用数据传输技术在两个功能单元之间传递数据信息。它可实现计算机与计算机、计算机与终端以及终端与终端之间的数据信息传递。数据通信的终端设备（产生的是数据信号）可以是计算机，也可能是除计算机以外的一般数据终端，一般数据终端简称数据终端或终端。

通常而言，数据通信是计算机与通信相结合而产生的一种通信方式和通信业务。可见，数据通信是一种把计算机技术和通信技术结合起来的通信方式。从以上数据通信的定义可以理解，数据通信包含两方面内容，即数据的传输和数据传输前后的处理，如数据的集中、交换、控制等。

2.数据信号的基本传输方式

数据信号的基本传输方式有三种：基带传输、频带传输和数字数据传输。基带传输是基带数据信号（数据终端输出的未经调制变换的数据信号）直接在电缆信道上传输。换句话说，基带传输是不搬移基带数据信号频谱的传输方式。频带传输是基带数据信号经过调制，将其频带搬移到相应的载频频带上再传输（频带传输时信道上传输的是模拟信号）。数字数据传输是利用 PCM 信道传输数据信号，即利用 PCM30/32 系统的某些时隙传输数据信号。

3.传输代码

目前，常用的二进制代码有国际 5 号码（IA5）、EBCDIC 码和国际电报 2 号码（1TA2）等。作为例子，下面介绍国际 5 号码（IA5）。国际 5 号码是一种 7 单位代码，以 7 位二进制码来表示一个字母、数字或符号。这种码最早在 1963 年由美国标准协会提出，称为美国信息交换用标准代码（American Standard Code for Information Interchange，简称 ASCII 码）。7 位二进制码一共有 128 种组合。

4.数据通信业务

数据通信提供的业务主要包括分组交换业务、数字数据业务、一线通业务、帧中继业务、数据增值业务、甚小天线地球站（VSAT）通信业务和宽带业务等。

（1）分组交换业务

分组交换以 CCITTX.25 协议为基础，能满足不同速率、不同型号的终端与终端，终端与计算机，计算机与计算机间的通信，实现资源共享。分组交换网提供的业务功能主要包括以下几种。

①基本业务功能：分组交换网向所有网上的客户提供的基本服务功能，即要求网络能在客户之间"透明"地传送信息。分组交换网一般是通过"虚电路"来建立传送信息的信息通路，虚电路有两种方式：交换虚电路（SVC）和永久虚电路（PVC）。

②用户任选功能：主要有闭合用户群、反向计费、网络用户识别、呼叫转移、虚拟专用网、广播功能、对方付费、计费信息显示、直接呼叫等业务。

③增值业务功能：分组交换网可以利用其网络平台提供多种数据通信增值业务，如电子信箱、电子数据互换（EDI）、可视图文、传真存储转发、数据库检索等。

（2）数字数据业务

数字数据业务是数字数据网（DDN）提供的、速率在一定范围内（200 bit/s 到 2 Mbit/s）

任选的信息量大、实时性强的中高速数据通信业务。数字数据网的主要作用是作为分组交换网、公用计算机互联网等网络中继电路，可提供点对点、一点对多点的业务。主要包括：①帧中继业务；②语音、三类机（G3）传真、图像、智能用户电报等业务；③虚拟专用网业务。

（3）一线通业务

一线通业务即窄带综合业务数字网（NISDN）提供的业务，包括基本业务和补充业务。基本业务又包括承载业务和用户终端业务。在承载业务中，网络向用户提供的只是一种低层的信息转移能力，与终端的类型无关，分为电路交换的承载业务和分组交换的承载业务。用户终端业务是指利用窄带综合业务数字网和一些特定的终端能够提供的业务，如数字电话、智能用户电报、数据通信业务、视频业务等。补充业务主要有三方会议、呼叫转接、呼叫等待等。

（4）帧中继业务

帧中继业务是在帧中继用户—网络接口（UNI）之间提供用户信息流的双向传送，并保持原顺序不变的一种承载业务。帧中继网络提供的业务有两种：永久虚电路（PVC）和交换虚电路（SVC）。

（5）数据增值业务

数据增值业务是通过计算机处理的信息服务以及计算机与通信网结合对传送的信息进行加工处理后提供的服务，主要包括以下几种业务。

①电子信箱业务（E-mail）：利用计算机网络系统的处理和存储能力，为用户提供能存取和传递文件、信函、传真、图像、语音或其他形式信息的业务。

②电子数据互换业务（电子贸易）：通过计算机网络将贸易、运输、保险、银行和海关等行业信息，用一种国际公认的标准格式，实现各有关部门或公司与企业之间的数据交换与处理，并完成以贸易为中心的全部过程。

③传真存储转发业务：一种具有存储转发功能的非实时性的传真通信。它是现代通信技术与计算机应用相结合的产物。传真存储转发业务利用分组网的通信平台为电话网上的传真用户提供高速、优质、经济、安全、便捷的传真服务；利用计算机存储的功能，将发送方的传真报文存储到主机里，然后通过通信网络将传真报文转发到被叫传真机上。

④可视图文业务：一种公用性的、开放性、交互性的信息服务系统，利用数据库通过公用电信网向配备专用终端设备或个人计算机等可视终端的用户提供文字、数据或图形等可视信息服务。

（6）甚小天线地球站通信业务

甚小天线地球站指具有甚小口径天线的智能化小型式微型地球站。甚小天线地球站业务是通过多个小站和一个主站与通信卫星转发器组成的卫星通信网络，为用户提供点到点、点到多点的通信业务。甚小天线地球站系统具有广泛的业务功能，除了个别宽带业务外，甚小天线地球站网几乎可支持现有的多种业务，包括语音、数据、传真、LAN 互联、会议电视、可视电话，采用 FR 接口的活动图像和电视、数字音乐等。

（7）宽带业务

目前，对宽带还没有一个公认的定义，从一般的角度理解，它是能够满足人们感观所能感受到的各种媒体在网络上传输所需要的带宽，因此它是一个动态的、发展的概念。宽带对家庭用户而言是指可以满足语音、图像等大量信息传递的需求，一般以传输速率 512 Kbit/s 为分界，将 512 Kbit/s 以下的接入称为"窄带"，512Kbit/s 及其之上的接入则归类于"宽带"。宽带业务主要包括视频点播、远程教育、远程医疗、电子商务、举行电视会议、拨打视频电话等。数据通信系统是通过数据电路将分布在远地的数据终端设备与计算机系统连接起来，实现数据传输、交换、存储和处理的系统。

第二节　数据通信系统的组成

随着社会的进步，传统的电话、电报通信方式已不能满足大信息量的需要，以数据作为信息载体的通信手段已成为人们的迫切要求。计算机出现以后，为了实现远距离的资源共享，计算机技术与通信技术相结合，产生了数据通信，所以说数据通信是为了实现计算机与计算机或终端与计算机之间信息交互而产生的一种通信技术，它是计算机与通信相结合的产物。数据通信系统是通过数据电路将分布在远地的数据终端设备与计算机系统连接起来，实现数据传输、交换、存储和处理的系统。

数据是预先约定的具有某种含义的数字、字母或符号的组合。用数据表示信息的内容十分广泛，如电子邮件、文本文件、电子表格、数据库文件、图形和二进制可执行程序等。数据通信的严格定义是依照通信协议，利用数据传输技术在两个功能单元之间传递数据信息。它可实现计算机与计算机、计算机与终端或终端与终端之间的数据信息传递。

数据通信包括的内容有数据传输和数据传输前后的数据处理。数据传输指的是通过某种方式建立一个数据传输通道传输数据信号，它是数据通信的基础；数据处理是为了使数据更有效、可靠地传输，包括数据集中、数据交换、差错控制和传输规程等。

一、数据终端设备

数据终端设备（DTE）由数据输入设备（产生数据的数据源）、数据输出设备（接收数据的数据宿）和传输控制器组成。

（一）数据终端组成

数据输入输出设备的作用有点类似于电话与电报通信中的电话机和电传机，它在发送端把人们的数据信息变成以数字代码表示的数据信号，即将数据转换为数据信号；接收端完成相反的变换，即把数据信号还原为数据。传输控制器的作用是完成各种传输控制，如差错控制、终端的接续控制、确认控制、传输顺序控制和切断等控制等。

数据终端设备是一个总称，根据实际需要采用不同的设备。例如，在发送数据中，数据终端设备可以用键盘输入器；在接收数据中，它可以是屏幕显示设备（CRT），也可以是激光打印机等等。当然，具有一定处理功能的个人计算机也可称为数据终端设备。数据终端设备是产生数据的数据源或接收数据的数据宿。它把人可识别的信息变成以数字代码表示的数据，并把这些数据送到远端的计算机系统，同时可以接收远端计算机系统的数据，并将它变为人可以理解的信息，即完成数据的接收和发送。

数据终端设备由数据输入设备（产生数据的数据源）、数据输出设备（接收数据的数据宿）和传输控制器组成。数据输入/输出设备是操作人员与终端之间的界面。它把人可以识别的信息变换成计算机可以处理的信息或者相反的过程。数据的输入/输出可以通过键盘、鼠标、手写、声、光等手段。最常见的输入设备是键盘、鼠标和扫描仪；输出设备是 CRT 显示器、打印机、绘图机、磁带或磁盘的写入部分、传真机和各种记录仪等。传输控制器主要执行与通信网络之间的通信过程控制，由软件实现，包括差错控制、流量控制、接续和传输等通信协议的实现。

（二）种类

数据终端设备的种类很多，可从多个方面进行分类：按其性能可分为简单终端（不执行内部程序，只提供输入、输出和接口能力，无 CPU，也称哑终端（DUMP），如一台只接收数据的打印机）和智能终端（如计算机）；按其使用场合的不同，可分为通用数据终端和专用数据终端；按执行协议的不同，可分为分组型终端（PT）和非分组型终端（NPT）；按同步方式的不同，可分为同步终端和异步终端；按地理位置的不同，可分为本地终端和远程终端。

二、数据电路

数据电路位于数据终端设备与计算机系统之间，它的作用是为数据通信提供传输通道。在数据电路两端收发的是二进制"1"或"0"的数据信号。数据传输电路要保证将数据终端设备的数据信号送到计算机系统以及由计算机系统送回数据终端设备。数据电路由传输信道及其两端的数据电路终接设备（DCE）组成。

（一）传输信道

传输信道包括通信线路和通信设备。通信线路一般采用电缆、光缆、微波线路等；而通信设备可分为模拟通信设备和数字通信设备，从而使传输信道分为模拟传输信道和数字传输信道。另外，传输信道中还包括通过交换网的连接或专用线路的固定连接。

（二）数据电路终接设备

数据电路终接设备是数据终端设备与传输信道的接口设备。当数据信号采用不同的传输方式时，数据终接设备的功能有所不同。基带传输时，数据电路终接设备是对来自数据终端设备的数据信号进行某些变换，使信号功率谱与信道相适应，即使数据信号适合在电缆信道中传输。

频带传输时数据电路终接设备具体是调制解调器（modem），它是调制器和解调器的结合。发送时，调制器对数据信号进行调制，将其频带搬移到相应的载频频带上进行传输（即将数据信号转换成适合于模拟信道上传输的模拟信号）；接收时，解调器进行解调，将模拟信号还原成数据信号。当数据信号在数字信道上传输（数字数据传输）时，数据电路终接设备是数据服务单元（Data Service UNH，DSU），其功能是信号格式变换，即消除信号中的直流成分和防止长串零的编码、信号再生和定时等。

三、中央计算机系统

中央计算机系统由通信控制器、主机及其外围设备组成，具有处理从数据终端设备输入的数据信息，并将处理结果向相应的数据终端设备输出的功能。

（一）通信控制器

通信控制器是数据电路和计算机系统的接口，控制与远程数据终端设备连接的全部通信信道，接收远端数据终端设备发来的数据信号，并向远端数据终端设备发送数据信号。通信控制器的主要功能，对远程数据终端设备一侧来说，是差错控制、终端的接续控制、确认控制、传输顺序控制和切断等控制；对计算机系统一侧来说，其功能是将线路上来的串行比特信号变成并行比特信号，或将计算机输出的并行比特信号变成串行比特信号。另外，在远程数据终端设备一侧有时也有类似的通信控制功能（就是传输控制器），但一般作为一块通信控制板合并在数据终端设备之中。

（二）主机

主机又称中央处理机，由中央处理单元（CPU）、主存储器、输入输出设备以及其他外围设备组成，其主要功能是进行数据处理。以上叙述介绍了数据通信系统的基本构成，数据链路由控制装置（传输控制器和通信控制器）和数据电路组成，控制装置按照双方事先约定的规程进行控制等内容。一般来说，只有在建立起数据链路之后，通信双方才能真正有效、可靠地进行数据通信。

四、数据通信系统的分类

根据传输线路是否直接与中央计算机系统相连接，数据通信系统可分为脱机系统和联机系统。因为脱机系统的自动化程度低、等待时间长、工作效率不高等原因，脱机系统只是数据通信系统发展初期用于非实时处理的一种系统；以后的数据通信系统几乎都是联机系统。

数据通信系统根据处理形式的不同，可以分为联机实时系统、远程批量处理系统和分时处理系统三类。

（一）联机实时系统

联机实时系统指从终端输入的数据，在中央计算机上立即进行处理，并将处理结果直接送回终端设备的处理形式，适于要求能够迅速地处理随机发生的大量数据的场合。联机实时系统根据不同的应用又可以分为询问处理系统、会话处理系统、数据收集系统、数据分配系统和数据交换系统等。询问处理系统指从远程终端发送电文到中央计算机，经过处理将处理结果作为电文送回该终端的系统，如情报检索系统。会话处理系统指终端和中央计算机一面进行会话（一系列交替的询问和回答），一面进行处理的系统，如订票系统。数据收集系统将多台远程终端的数据定时地收集到中央计算机进行存储和处理，再加工成各种报表资料，其数据流向是从远程终端到中央计算机，如电力检测系统、气象观测资料收集系统。数据分配系统的数据流向与数据收集系统相反，通常将这两种系统组合起来使用。数据交换系统通常由中央计算机接收某一终端送来的数据，识别该数据的接收终端地址，再转发给目的地的接收终端，银行汇兑系统是数据交换系统的一例。

（二）远程批量处理系统

批量处理系统分为本地批量处理系统和远程批量处理系统。本地批量处理是从中央计算机的外围设备投入作业，获得处理结果；远程批量处理是从远程终端向中央计算机投入作业，获得处理结果。为了提高效率，批量处理的作业可通过批量作业站送至中央计算机。批量作业站（又称批量处理终端或批量处理站）由一些能控制作业的终端组成。

（三）分时处理系统

将中央计算机的时间划分成很短的时间片，远程终端按时间片轮流使用中央计算机的处理形式。分时处理系统的特点是一台中央计算机上可以连接几个控制台和上百台终端，每个用户都可以在一台终端或控制台上以会话方式操作或控制其作业的运行。这样，很多联机用户可同时使用一台计算机，每个用户感觉不到别人也在使用，恰如自己在独占计算机。

五、数字通信与数据通信系统的关系

数字通信系统是数据通信系统的子集。它们的区别主要在业务类型上，数字通信系统主要提供数字数据服务，传送的主要是数字数据信息，即离散的二进制数字信号序列，也就是以数字信息为主；而数据通信系统的服务类型除数字数据之外，还包括语音（如电台广播）、视频（如电视网）等模拟数据。

第三节 数据通信系统的性能指标

各种通信系统有各自的技术性能指标，并互不相同。但衡量任何通信系统的优劣都是以有效性和可靠性为基础的，数据通信系统也不例外，它也有表示有效性和可靠性的指标。

一、有效性指标

（一）工作速率

工作速率是衡量数据通信系统传输能力的主要指标，通常使用三种不同的定义：调制速率、数据传信速率和数据传送速率。

1.调制速率

调制速率（符号速率或码元速率，用 NW 或 /s 表示）的定义是每秒传输信号码元的个数，又称波特率，单位为波特（Baud）。

2.数据传信速率

数据传信速率的定义是每秒所传输的信息量。信息量是信息多少的一种度量，信息的不确定性程度越大，则其信息量越大。信息量的度量单位为"比特"（bit）。

在满足一定条件下，一个二进制码元（一个"1"或一个"0"）所含的信息量是一个"比特"（条件为：随机的、各个码元独立的二进制序列，且"0"和"1"等概率出现），

所以数据传信速率也可以说成是每秒所传输的二进制码元数，其单位为 bit/s。

3.数据传送速率

数据传送速率的定义：单位时间内在数据传输系统中的相应设备之间传送的比特、字符或码组平均数。定义中的相应设备常指调制解调器、中间设备或数据源与数据宿。单位为比特/秒（bit/s）、字符/秒或码组/秒。数据传信速率与数据传送速率不同。数据传信速率是传输数据的速率，而数据传送速率是相应设备之间实际能达到的平均数据转移速率。数据传送速率不仅与发送的比特率有关，而且与差错控制方式、通信规程以及信道差错率有关，即与传输的效率有关。因此，数据传送速率总是小于数据传信速率。

数据传输速率的三个定义在实际应用上既有联系又有侧重：在讨论信道特性，特别是传输频带宽度时，通常使用调制速率；在研究传输数据速率时，采用数据传信率；在涉及系统实际的数据传送能力时，则使用数据传送率。

（二）频带利用率

数据信号的传输需要一定的频带。数据传输系统占用的频带越宽，传输数据信息的能力越大。因此，在比较不同数据传输系统的效率时，只考虑它们的数据传输速率是不充分的。因为，即使两个数据传输系统的传输速率相同，但它们的通信效率也可能不同，这还要看传输相同信息所占的频带宽度。真正衡量数据传输系统有效性的指标是单位频带内的传输速率，即频带利用率。频带利用率的定义为

$$\eta = \frac{\text{码元传输速率}}{\text{频带宽度}} \quad (\text{Bd/HZ})$$

$$\eta = \frac{\text{信息传输速率}}{\text{频带宽度}} \quad (\text{bit/s} \cdot /\text{HZ})$$

二、可靠性指标

可靠性指标是用差错率来衡量的。由于数据信号在传输过程中不可避免地会受到外界的噪声干扰，信道的不理想也会带来信号的畸变，因此当噪声干扰和信号畸变达到一定程度时就可能导致接收的差错。衡量数据传输质量的最终指标是差错率。

三、信道容量

（一）模拟信道的信道容量

模拟信道的信道容量可以根据香农定律计算。

（二）数字信道的信道容量

典型的数字信道是平稳、对称、无记忆的离散信道，它可以用二进制或多进制传输。

①离散指在信道内传输的信号是离散的数字信号；

②对称指任何码元正确传输和错误传输的概率与其他码元一样；

③平稳指对任何码元来说，错误概率的取值都是相同的；

④无记忆指接收到的第 i 个码元仅与发送的第 i 个码元有关，而与第 i 个码元以前的发送码元无关。

根据奈奎斯特（Nyquist）准则，带宽为 B 的信道所能传送的信号最高码元速率为 $2B$（单位：Baud），因此，无噪声数字信道容量为 $C=2B\log_2 M$。其中，M 为进制数。

第四节 数据通信网

数据通信网是为提供数据通信业务组成的电信网。由某一部门建立、操作运行，为本部门提供数据传输业务的电信网为专用数据通信网；由电信部门建立、经营，为公众提供数据传输业务的电信网为公用数据通信网。

一、数据通信网的构成

数据通信网是一个由分布在各地的数据终端设备、数据交换设备和数据传输链路所构成的网络，在网络协议（软件）的支持下实现数据终端间的数据传输和交换。

数据通信网的硬件构成包括数据终端设备、数据交换设备及数据传输链路。

（一）数据终端设备

数据终端设备是数据通信网中的信息传输的源点和终点，它主要向网络（向传输链路）输出数据和从网络中接收数据，并具有一定的数据处理和数据传输控制功能。数据终端设备可以是计算机，也可以是一般的数据终端、数据传输中一端或另一端的设备、PC 机或终端。数据终端设备是一个在 X.25 网络中的末端节点，作为一个数据源、目的或两者服务。数据终端设备通过一个数据电路终接设备和由数据电路终接设备产生的时钟信号连接到一个数据网络。数据终端设备包括设备如计算机、协议转换器和多工器等。数据终端设备，即计算机显示终端，是计算机系统的输入、输出设备。计算机显示终端伴随主机时代的集中处理模式而产生，并随着计算机技术的发展而不断进步、不断诞生高级显示。

（二）数据交换设备

数据交换设备是数据通信网的核心。它的基本功能是完成对接入交换节点的数据传输链路的汇集、转接接续和分配。这里需要说明的是：在数字数据网中是没有交换设备的，它采用数字交叉连接设备（DXC）作为数据传输链路的转接设备。

（三）数据传输链路

数据传输链路是数据信号的传输通道，包括用户终端的入网路段（数据终端到交换机的链路）和交换机之间的传输链路。传输链路上数据信号传输方式有基带传输、频带传输和数字数据传输等。

二、数据通信网的分类

（一）按网络拓扑结构分类

数据通信网可以从几个不同的角度分类。数据通信网按网络拓扑结构分类，有以下几种基本形式。

1.网状网与不完全网状网

网状网中所有节点相互之间都有线路直接相连，网状网的可靠性高，但线路利用率比较低，经济性差。不完全网状网也叫网格形网。其中的每一个节点均至少与其他两个节点相连，网格形网的可靠性也比较高，且线路利用率又比一般的网状网要高（但比星形网的线路利用率低）。数据通信网中的骨干网一般采用这种网络结构，根据需要，也有采用网状网结构的。

2.星形网

星形网外围的每一个节点均只与中心节点相连，呈辐射状，星形网的线路利用率较高，经济性好，但可靠性低，且网络性能过多地依赖于中心节点，一旦中心节点出故障，将导致全网瘫痪。星形网一般用于非骨干网。

3.树形网

树形网是星形网的扩展，它也是数据通信非骨干网采用的一种网络结构。

4.环形网

环形网的各节点首尾相连组成一个环状。

（二）按传输技术分类

按传输技术分类，数据通信网可分为交换网和广播网。

1.交换网

根据采用的交换方式的不同，交换网又可分为电路交换网、报文交换网、分组交换网、帧中继网、ATM 网等。另外，采用数字交叉连接设备的数字数据网也是一种交换网。

2.广播网

在广播网中，每个数据站的收发信机共享同一传输媒质，从任一数据站发出的信号可被所有的其他数据站接收。广播中没有中间交换节点。

三、业务种类

公用数据通信网有电路交换、分组交换和租用电路三种形式的数据传输业务。

电路交换数据传输业务在数据终端设备间传送数据之前必须先建立电路交换连接。分组交换数据传输业务以带有寻址信息的分组形式进行数据传送。租用电路数据传输业务则提供公用网的一条或多条电路给用户进行数据传送。电路交换公用数据网（CSPDN）和综合业务数字网（ISDN）的电路交换部分可提供电路交换数据传输业务。分组交换公用数据网（PSPDN）和综合业务数字网的分组交换功能可提供分组交换数据传输业务。数字数据网可提供租用电路数据传输业务。另外，公用电话交换网（PSTN）与用户电报网虽可提供数据传输业务，但是不属于公用数据通信网的范畴，而是该网开放的增值业务。

电路交换数据网主要适用于实时性要求高、数据终端之间数据传输业务量大的场合；分组交换数据网主要适用于交互式、短报文的场合；数字数据网主要提供租用电路数据传输业务。用户电报网、公用电话交换网开放的数据传输增值业务，虽然有数据传输速率较低、交换电路接续时间较长、提供的服务少等缺陷，不适宜进行高质量的数据传输业务，但由于该网分布面广、通信费用较便宜，因此很多数据通信系统的数据终端仍在大量使用该网，并通过网路互联方法使公用数据网、用户电报网、公用电话交换网中的数据终端得以互通，从而组成各种不同用途的数据通信系统。

租用电路有数字数据网提供的数字数据电路和普通电话网提供的模拟电路两类。适合进行数据传输的模拟电话电路在 CCITT M.1020 建议中对全程衰耗、衰耗频率特性、群时延失真、噪声、频率偏差、相位抖动、瞬断、幅度突变、单频干扰、谐波失真和误码率等都做了具体规定。数字数据电路也有相应的规定。

四、业务特性规定

数据通信网是专为提供数据传输业务设计的，其数据传输业务特性由一系列通信协议或规程规定。

（一）接入属性

接入属性主要规定数据终端有关数据传输业务的用户业务类别、编号制度、网路性能要求、呼叫进行信号、网路互联要求、用户接口、基本服务和用户任选补充服务、信道传输特性要求等，以便在设计网路时有所遵循，获得良好的数据传输性能。

（二）网路服务性能参数

网路服务性能参数用以表征数据通信网的性能。CCITT 分别对以 X.21 为基础的电路交换数据网、以 X.25 为基础的分组交换数据网以及租用电路的服务性能参数作了建议。分组交换数据网服务性能参数主要有传输质量、网路时延（包括呼叫建立时延、数据分组传送时延、释放指示时延）、吞吐量、呼叫建立出错概率和失败概率、剩余差错率、呼叫释放失败概率、可用性等。电路交换数据网也有相应的服务性能参数。

（三）用户接口建议

用户接口建议是为了便于各类用户数据终端接入数据通信网获得所需要的数据传输业务。分组式终端接入分组交换数据网必须遵守 CCITT X.25 建议，其中规定了电气与实体（物理）接口、链路层接口、分组层接口。公用电话交换网上的分组终端接入分组网必须遵守 X.32 建议。X.32 在 X.25 建议的基础上增加了电话网的拨入、拨出和 DTE、DCE（数据电路终接设备）身份核对等功能。一般的字符终端要接入分组网需通过分组装拆设备（PAD），它由 X.3、X.28、X.29 三个建议规定。在 ISDN 中的分组终端要获得分组交换业务除需遵守 X.25 建议外，还需遵守 X.31 建议，以便适应 ISDN 信令的要求。电路交换数据网的终端必须遵守 X.21、X.21bis、X.20、X.20bis 建议的要求，同步式终端要遵守 X.21、X.21bis 建议的要求，异步终端要遵守 X.20、X.20bis 建议的要求。

网路互联使不同网路的数据终端可以互通，为此，CCITT 提出了 X.300 系列建议。该建议中含有传输功能互联与通信功能互联的概念与一系列互联协议。传输功能互联是网路互连的主要方式，主要解决两网数据终端如何相互呼叫与接入。公用通信网通常只提供传输功能。通信功能互联是在传输功能基础上进一步开发的，其主要功能是提供高层协议的转换功能，用以屏蔽两网数据终端高层协议的差异。从协议转换角度来看，传输功能互联可根据需要提供网路层协议转换，而通信功能互联可提供高层协议转换。

（四）编号制度

编号要考虑数据通信网的特殊性，数据通信网的编号制度不同于用户电报网、ISDN/PSTN 的编号制度。

五、数据与数据、语音通信

（一）数据与数据通信

通常认为数据是和语音、图像信息不同的一种信息类型。各种应用测量数值信息及其处理结果、含有数字、字符、文字等信息的文本文件与表格都属于数据的范畴。数据通信依照通信协议，利用数据传输技术在两个功能单元之间传递数据信息。它可实现计算机与计算机、计算机与终端以及终端与终端之间的数据消息传递。通俗而言，数据通信是计算机与通信相结合而产生的一种通信方式和通信业务。数据通信是信息社会不可缺少的一种高效通信方式，也是未来"信息高速公路"的主要内容。数据信息的基本特征是其自身的时间离散性和取值离散性，即数字信号的特征。因此，若信源本身发出的就是数字信号，无论用什么传输方式，都称为数据通信。电报通信、计算机通信都可以认为是数据通信。

目前的数据通信应用主要表现为计算机之间的通信，具有下列特点：其一，用来传输和处理离散的数字信号；其二，通信速度从低到高（从几十波特到数千兆波特），变化范围很大；其三，通信量突发性强；其四，为保证通信的正常进行，必须事先制定通信双方必须遵守的、功能齐备的通信协议。由数据通信的特点我们可以想到，尽管数据通信和传统通信方式的通信模型大体相同，但通信的内涵有很大的区别，特别是由于信息载体的不同和具有较为复杂的通信协议，将使我们接触到一些全新的概念。

（二）数据与语音通信

尽管数据通信和语音通信都是以传送信息为目的，但是两者之间有着重大的差别，主要表现在以下五个方面。

1.通信的对象明显不同

数据通信和语音通信最终都是为人服务的，但是一般说来，我们通常认为语音通信是人与人之间的通信，而数据通信更趋向于设备与设备之间的通信。对于语音通信来说，尽管每个人讲话的声音各有不同，但人耳对声强、音色、语气等的识别能力、动态范围以及人脑对语音的分析能力、判断能力及应变能力，都是任何设备不能比拟的。对于数据通信来说，数据的编码信息（由若干"0"和"1"组成）都是由设备（如计算机）进行发送与接收的。整个通信过程必须由人事先制定好严格的协议，包括通信联络方式、编码方式、通信速率、信号电平等。

2.通信传输的可靠性要求不同

在语音通信中，由于通信双方都是人来收发，所以在信息传输中若出现差错，很容易由人来进行纠正。例如，在电话通信中如有个别字听不清楚，可根据谈话内容予以推测或要求对方重复一遍。通常认为数字化语音传输时，误码率只要不低于10即可。数据通信中，通信双方中至少有一方是机器设备，设备对表示为"0""1"组合数据信息代码的识别，通常对可靠性要求很高。数据信息中一位码元的差错，接收端就会理解为不同的含义，这在诸如银行、军事、医疗、工业过程控制等关键应用中，即使毫厘之差都会造成巨大的损失。因此，数据通信中一般需要采用差错控制技术，以保证获得满意的数据传输质量。一般数据通信系统的传输误码率要求在 10 s 以下。

3.通信持续时间和通信建立时间要求不同

大量的统计结果表明，语音通信的平均持续时间在 5min 左右，通信平均建立时间（从主叫摘机到被叫应答）在 15 s 左右。但是，数据通信的平均持续时间远小于打电话的通话时间。

统计结果表明，一半以上用户的数据通信持续时间不大于 5 s。这就要求数据通信的建立时间要比语音通信短得多，一般不应该超过 1.5 s。

4.语音和数据信息的业务量特性不同

统计结果表明，语音通信时除通话前后具有一定的信道建立和拆除时间外，双方交替讲话，信道利用率是比较高的，一般不会长时间没有信息传输。数据通信则不然，比较常见的是利用键盘输入信息的情况。用户可能利用几分钟输入的一段文字信息，而在按下发送键的瞬时（如若干毫秒，取决于传输速率）就发送完毕。有时我们说数据业务的突发性高，就是和语音通信的均匀性相比较的。

5.语音和数据信息的实时性要求不同

语音信息要求具有高度的实时特性，一句话的整体延时过大（如超过 1 s）或音节的断续都会严重影响收听效果。然而，数据信息往往允许具有较低的实时性。一个电子邮件的全部文字信息，可以是连续送出，也可以是断续送出的，整体延迟的时间也不像语音要求得那么苛刻。

第五节 网络协议与协议体系结构

数据通信是在各种类型的数据终端和计算机之间进行的，它不同于语音通信方式，其通信控制也复杂得多，因此必须有一系列行之有效的、共同遵守的通信协议。

首先介绍网络体系结构的基本概念，然后系统地论述开放系统互联参考模型（OSIRM）和 TCP/IP 参考模型的各层协议。

一、网络体系结构概述

1. 通信协议及分层

数据通信是机器之间的通信，是利用物理线路和交换设备将若干台计算机连接成网络来实现的。但是要顺利地进行信息交换，仅有这些硬件设备是不够的，还必须事先制定一些通信双方共同遵守的规则、约定，我们将这些规则、约定的集合叫作通信协议。

协议比较复杂，为了描述上方便和双方共同遵守上方便，通常将协议分层，每一层对应着相应的协议，各层协议的集合就是全部协议。将通信功能分为若干层次，每一个层次完成一部分功能，各个层次相互配合共同完成通信的功能。

每一层只和直接相邻的两层打交道，它利用下一层提供的功能，向高一层提供本层所能完成的服务。每一层是独立的，隔层都可以采用最适合的技术来实现，每一个层次可以单独进行开发和测试。当某层技术进步发生变化时，只要接口关系保持不变，则其他层不受影响。

分层结构示意图如图 5-1 所示，每一层实现相对独立的功能，下层向上层提供服务，上层是下层的用户，各个层次相互配合共同完成通信的功能。

将网络体系进行分层就是把复杂的通信网络协调问题进行分解，再分别处理，使复杂的问题简化，以便于网络的理解及各部分的设计和实现。协议仅针对某一层，为同等实体之间的通信制定，易于实现和维护，灵活性较好，结构上可分割。

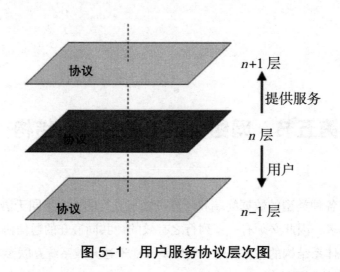

图 5-1 用户服务协议层次图

2. 网络体系结构的定义

1974 年美国 IBM 公司按照分层的方法制定了系统网络体系结构（System Network Architecture，SNA）。系统网络体系结构已成为世界上较广泛使用的一种网络体系结构。

一开始，各个公司都有自己的网络体系结构，这就使得各公司自己生产的各种设备容易互连成网，有助于该公司垄断自己的产品。但是，随着社会的发展，不同网络体系结构的用户迫切要求能互相交换信息。为了使不同体系结构的计算机网络都能互连，国际标准化组织（ISO）于 1977 年成立专门机构研究这个问题。1978 年国际标准化组织提出了"异种机联网标准"的框架结构，这就是著名的开放系统互连基本参考模型（Open Systems Interconnection Reference Modle，OSI/RM），简称为 OSI 参考模型。

OSI 参考模型得到了国际上的承认，成为其他各种计算机网络体系结构依照的标准，大大地推动了计算机网络的发展。20 世纪 70 年代末 80 年代初，出现了利用人造通信卫星进行中继的国际通信网络。网络互联技术不断成熟和完善，局域网和网络互联开始商品化。

OSI 参考模型用物理层、数据链路层、网络层、传输层、对话层、表示层和应用层 7 个层次描述网络的结构，它的规范对所有的厂商是开放的，具有指导国际网络结构和开放系统走向的作用。它直接影响总线、接口和网络的性能。常见的网络体系结构有光纤分布式数据接口（FDDI）、以太网、令牌环网和快速以太网等。从网络互联的角度看，网络体系结构的关键要素是协议和拓扑。网络体系结构是计算机网络的各组成部分及计算机网络本身所必须实现功能的精确定义，更直接地说，网络体系结构是计算机网络中的层次、各层的功能及协议、层间的接口的集合。

3.网络体系结构的分类

应用比较广泛的网络体系结构主要有 OSI 参考模型和 TCP/IP 分层模型。我们知道数据通信系统中的终端设备主要是计算机，而不同厂家生产的计算机的型号和种类不同。为了使不同类型的计算机或终端能互联，以便相互通信和资源共享，1977 年，国际标准化组织提出了 OSI 参考模型，并于 1983 年春定为正式国际标准，同时也得到了国际电报电话咨询委员会（CCITT）的支持。随着互联网的飞速发展，TCP/IP 分层模型的应用越来越广泛。第五章具体介绍 OSI 参考模型和 TCP/IP 模型。

二、网络体系结构相关的概念

为了更好地理解 OSI 参考模型和 TCP/IP 分层模型，我们首先介绍几个与网络体系结构相关的概念。

（一）开放系统

开放系统指能遵循 OSI 参考模型等实现互连通信的计算机系统。根据系统与环境间的相互影响关系，系统又可以分为以下三类：

①开放系统（open system）：与环境间既有能量交换又有物质交换的系统；

②封闭系统（closed system）：与环境间只有能量交换而无物质交换的系统；

③隔离系统（isolated system）：与环境间既无能量交换又无物质交换的系统。

事实上，自然界中一切事物总是相互关联和相互影响的，严格而言，隔离系统只是一种假想的系统，它只能在有限的时间和空间内存在，通常把某些与环境联系相当微弱的系统近似作为隔离系统处理。在实际研究中，有时会把封闭系统和系统影响所及的环境一起作为隔离系统研究。与开放系统相对立的有封闭系统和隔离系统。在客观世界中封闭系统与隔离系统的存在是相对的（即绝对的阻止能量交换或者物质交换是不可能的，只能在限定程度上尽可能地降低通量，降低交换的物质能量与系统自身的物质能量的比），而开放系统的存在是绝对的。人体就是一个典型的开放系统，可以和外界有能量交换和物质交换。

（二）实体

网络体系结构的每一层都是若干功能的集合，可以看成它由许多功能块组成，每一个功能块执行协议规定的一部分功能，具有相对的独立性，我们称之为实体。实体既可以是软件实体（如一个进程），也可以是硬件实体（如智能输入输出芯片）。每一层可能有许多个实体，相邻层的实体之间可能有联系，相邻层之间通过接口通信。

（三）服务访问点

在同一系统中，一个第（N）层实体和一个第（N+1）层实体相互作用时，信息必须穿越上下两层之间的边界。OSI参考模型中将第（N）层与第（N+1）层这样上下相邻两层实体信息交换的地方，称为服务访问点（Service Access Point，SAP），表示为（N）SAP。

（N）SAP实际上就是（N）实体与（N+l）实体之间的逻辑接口。

（四）（N）服务

网络体系结构中的服务是指某一层及其以下各层通过接口提供给上层的一种能力。网络体系结构包含一系列的服务，而每个服务则通过某一个或某几个协议来实现。（N）服务是由一个（N）实体作用在一个（N）SAP上来提供的；或者，（N+1）实体通过（N）SAP取得（N）实体提供的（N）服务。

（五）协议数据单元

协议数据单元（Protocol Data Unit，PDU）指在不同开放系统的各层对等实体之间，为实现该层协议所交换的信息单元（通常称为本层的数据传送单位）。一般将（N）层的协议数据单元记为（N）PDU。

（N）PDU由两部分组成

①本层的用户数据，记为（N）用户数据；

②本层的协议控制信息（Protocol Control Information，PCI），记为（N）PCI。

三、OSI 参考模型

OSI 参考模型涉及的是为完成一个公共（分布的）任务而相互配合的系统能力及开放式系统之间的信息交换，但它不涉及系统的内部功能和与系统互联无关的其他方面，也就是说系统的外部特性必须符合 OSI 的网络体系结构，而其内部功能不受此限制。采用分层结构的开放系统互联大大降低了系统间信息传递的复杂性。应当理解 OSI 参考模型仅仅是一个概念性和功能性结构，它并不涉及任何特定系统互联的具体实现、技术或方法。

具体地说，OSI 参考模型将计算机之间进行数据通信全过程的所有功能逻辑分成若干层，每一层对应一些功能，完成每一层功能时应遵照相应的协议，所以 OSI 参考模型是功能模型，也是协议模型。

（一）OSI参考模型的分层结构及各层功能概述

OSI 参考模型共分 7 层。这 7 个功能层自下而上分别是物理层、数据链路层、网络层、运输层、会话层、表示层和应用层。

其中计算机的功能和协议逻辑上分为 7 层；而分组交换机仅起通信中继和交换的作用，其功能和协议只有 3 层。通常把 1 到 3 层称为低层或下 3 层，它是由计算机和分组交换网络共同执行的功能；而把 4 到 7 层称为高层，它是计算机 A 和计算机 B 共同执行的功能。通信过程：发端信息从上到下依次完成各层功能，收端从下到上依次完成各层功能。系统中为某一具体应用而执行信息处理功能的一个元素称为应用进程。应用进程可以是手控进程、计算机控制进程或物理进程，如某自助银行终端的操作，属于手控应用进程；如在某 PC 上正在运行的、访问远端数据库的应用程序，属于计算机控制进程；又如工业控制系统中在专用计算机上执行的过程控制程序属于物理应用进程。

（二）OSI参考模型**各层功能及协议概述**

1.物理层

物理层并不是物理媒体本身，它是开放系统利用物理媒体实现物理连接的功能描述和执行连接的规程。物理层提供用于建立、保持和断开物理连接的机械的、电气的、功能的和规程的手段。简而言之，物理层提供有关同步和全双工比特流在物理媒体上的传输手段。物理层传送数据的基本单位是比特。

2.数据链路层

我们在之前介绍了数据链路的概念，并指出只有建立了数据链路，才能有效可靠地进行数据通信。数据链路层的一个功能就是负责数据链路的建立、维持和拆除。数据链路层传送数据的基本单位一般是帧。在物理层提供比特流传送服务的基础上，数据链路层负责建立数据链路连接，将它上一层（网络层）传送下来的信息组织成"数据帧"进行传送。

每一数据帧中包括一定数量的数据信息和一些必要的控制信息。为保证数据帧的可靠传送，数据链路层应具有差错控制、流量控制等功能。这样就将一条可能有差错的实际（物理）线路变成无差错的数据链路，即从网络层向下看到的好像是一条不出差错的链路。数据链路层常用的协议有基本型传输控制规程和高级数据链路控制规程（HDLC）。

3.网络层

在数据通信网中进行通信的两个系统之间可能要经过多个节点和链路，也可能还要经过若干通信子网。网络层负责将高层传送下来的信息分组，再进行必要的路由选择、差错控制、流量控制等处理，使通信系统中的发送端的运输层传下来的数据能够准确无误地找到接收端，并交付给其运输层。

4.运输层

运输层也称计算机—计算机层，是开放系统之间的传送控制层，实现用户的端到端的或进程之间数据的透明传送，使会话层实体不需要关心数据传送的细节，同时，还用于弥补各种通信子网的质量差异，对经过下三层仍然存在的传输差错进行恢复。另外，该层给予用户一些选择，以便从网络获得某种等级的通信质量，具体来说，其功能包括端到端的顺序控制、流量控制、差错控制及监督服务质量。运输层传送数据的基本单位是报文。

5.会话层

为了两个进程之间的协作，必须在两个进程之间建立一个逻辑上的连接，这种逻辑上的连接称之为会话，会话层作为用户进入运输层的接口，负责进程间建立会话和终止会话，并且控制会话期间的对话，提供诸如会话建立时会话双方资格的核实和验证，由哪一方支付通信费用，以及对话方向的交替管理、故障点定位和恢复等各种服务。它提供一种经过组织的方法在用户之间交换数据。会话层及以上各层中，数据的传送单位一般都称为报文，但与运输层的报文有本质的不同。

6.表示层

表示层提供数据的表示方法，其主要功能有代码转换、数据格式转换、数据加密与解密、数据压缩与恢复等。

7.应用层

应用层是OSI参考模型的最高层，它直接面向用户以满足用户的不同需求。应用层是利用网络资源唯一向应用进程直接提供服务的一层。应用层的功能是确定应用进程之间通信的性质，以满足用户的需要。同时应用层还要负责用户信息的语义表示，并在两个通信用户之间进行语义匹配。

四、物理层协议

（一）物理层协议基本概念

1.物理接口的位置

由前述可知，物理层是 OSI 参考模型中的最低层，它建立在物理媒体的基础上，实现系统与物理媒体的接口。通过物理媒体来建立、维持和断开物理连接，为数据终端链路层提供比特流的同步和全双工传输。数据通信系统中物理接口指的是数据终端设备（主要包括计算机）与物理线路的接口，其实就是本章第二节介绍的数据终端设备与数据电路终接设备之间的接口。

2.物理接口标准的概念

为了使不同厂家的产品能够互换和互联，物理接口处插接方式、引线分配、电气特征和应答关系上均应符合统一的标准，称为物理接口标准（或规程或协议）。其实此标准就是物理层协议。

3.物理接口标准的分类

物理层是实现所有高层协议的基础，为了统一物理层的操作，国际标准化组织、国际电报电话咨询委员会和美国电子工业协会等均制定了相应的标准和建议。

（1）国际标准组织制定的物理接口标准

国际标准组织提出的是 ISO 系列物理接口标准，主要包括 ISO1177、ISO2110 和 ISO4902 等。

（2）国际电报电话咨询委员会制定的物理接口标准

国际电报电话咨询委员会制定了通过电话网进行数据传输的 V 系列建议、通过公用数据网进行数据传输的 X 系列建议及有关综合业务数字网的 I 系列建议，具体有 V.24、V.28、X.20、X.21、I.430 和 I.431 等。

（3）美国电子工业协会制定的物理接口标准

美国电子工业协会提出的是 RS 系列物理接口标准，如 RS232C、RS449 等。

（二）物理接口标准的基本特性

物理接口标准描述了物理接口的四种基本特性：机械特性、电气特性、功能特性和规程特性。机械特性描述连接器即接口接插件的插头（阳连接器）、插座（阴连接器）的规格、尺寸、针的数量与排列情况等。这些机械标准主要由 ISO 制定，主要有：ISO2110 规定 25 芯 DTE/DCE 接口接线器及引线分配，用于串行和并行音频调制解调器、公用数据网接口、电报网接口和自动呼叫设备；ISO2593 规定 34 芯高速数据终端设备备用接口接线器和引线分配，用于 CCITTV.35 的宽带调制解调器；ISO4902 规定 37 芯和 9 芯 DTE/DCE 接线器及引线分配，用于音频调制解调器和宽带调制解调器；ISO4903 规定 15 芯 DTE/DCE 接线器及引线分配，用于 CCITT 建议 X.20、X.21 和 X.22 所规定的公用数据网接口。接口的电气特性描述接口的电气连接方式（不平衡型、半平衡型和平衡型）和电气参数，如信号源侧和负载侧的电压（或电流）值、阻抗值和等效电路、分布电容值、信号上升时间等。

结　语

近年来，发展迅速的通信，其权威的定义是人与人或人与自然之间通过某种行为或媒介进行的信息交流与传递，从广义上指需要信息的双方或多方在不违背各自意愿的情况下无论采用何种方法，使用何种媒质，将信息从某方准确安全传送到另一方。

作为 IT 行业的主力军，通信行业要求具备通信技术和通信系统等方面的知识，能在通信领域中从事研究、设计、制造、运营及在国民经济各部门和国防工业中从事开发、应用通信技术与设备的高级工程技术人才。就连通信专业的在校学生也是要求通过学习电路理论与应用的系列课程、计算机技术系列课程、信号与系统、电磁场理论、数字系统与逻辑设计、数字信号处理、通信原理等专业课程，具备从事现代通信系统和网络的设计、开发、调测和工程应用的基本能力。一说到通信，传输技术绝对是重中之重。作为通信工程中的重要组成部分，我们对其做进一步的介绍。

一、传输技术的发展

人类社会的发展离不开信息技术的交流和沟通，最早的通信方式有烽火、鸡毛信、飞鸽传书、千里驿站等，由于传递速度慢、信息量小，不能满足社会生产发展的需要。自古以来人们都在用自己的智慧来解决远距离、快速通信的问题，而衡量人类历史进步的尺度之一是人与人之间传递信息的能力，尤其是远距离传递消息的能力。通信技术的发展使社会产生了深远的变革，为人类社会带来了巨大的利益。在当今和未来的信息社会中，通信是人们获取、传递和交换信息的重要手段。随着大规模集成电路技术、激光技术、空间技术等新型技术的不断发展以及计算机技术的广泛应用，现代通信技术日新月异。

近二三十年来出现的数字通信、卫星通信、光纤通信是现代通信中具有代表性的新领域。作为新科技的发展，传输技术的重要作用逐渐显著，甚至在很多重大工程中起到了决定性的作用。

二、传输介质的分类和特点

传输介质直接影响着传输技术的多项指标,决定着传输线路的传输速率和传输可靠性。常用的传输介质分为有线传输介质和无线传输介质两大类。有线传输介质指在通信设备之间实现的物理连接部分,它能将信号从一方传输到另一方,有线传输介质主要有双绞线、同轴电缆和光纤。它们之间最大的区别是双绞线和同轴电缆传输电信号,光纤传输光信号。无线传输介质指我们周围的自由空间。我们利用无线电波在自由空间的传播可以实现多种无线通信。

在自由空间传输的电磁波根据频谱可将其分为无线电波、微波、红外线、激光灯,基带信号给加载在电磁波上进行传输。不同的传输介质,其特性也各不相同。它们不同的特性对数据传输的通信质量和通信速度有较大影响,如物理特性、传输特性、连通性、地域范围、抗干扰能力以及相对价格等多个方面,因此我们要根据实际情况来考虑传输介质的选取。当今世界通信领域在传输技术方面的一个重要突破就是同步数字系列,顾名思义就是该系统在传送信息时较模拟系统有更大的推动。此项技术的发展和进一步完善将极其深刻地影响光纤通信和数字微波通信的技术进步。同步数字系列具有灵活有效的网络组建功能,适于网络的调度,它的信息容器可以灵活地组合和扩展,这些特点和功能对接收新的信息业务非常方便而且可以有效地避免同步传输时因为网络节点之间时针差异说产生的"滑码"现象,避免了因帧调制过程所受的信号时延和误差,从而大幅度提高了通信系统的传输质量和效率,减少了误码率。

三、传输技术在通信工程中所起到的重要作用

在信息化的今天,网络事业也迎来了前所未有的大发展,人们对信息传输的需求不断增长,现代通信越来越方便,越来越快捷,使信息化传输的要求大为增加。如何提高通信工程系统的优良性与稳定性具有重要意义。传输系统是通信系统的重要组成部分,信息的传递是依赖于信息传输信道而传输的。互联网技术和网络化建设的应用和发展,单一的传输渠道无法适应多节点业务的传输需要,传输技术的提升已经成为通信技术发展的重要突破点。传输技术中的各项指标和参数的变化和要求标准是指引着传输设备以及通信工程中其他组成部分改进的决定性因素。在信息的传递中高速度、完整性以及误码率的减小很大程度上取决于传输设备中的各项技术。因此传输技术在通信工程发展中起着指导性和决定性的作用,快速推动传输设备的改进和传输技术的发展可以使通信工程在整体上有大幅度的推进和完善。目前,我国的通信行业正处于一个竞争加剧的时代,尤其在国家对整个行业进行调整后,中国的三大电信运营商都开始扩大市场占有率。同时,电信设备市场将会因运营商投资的增加而出现相对繁荣的局面。移动通信工程项目就是由一个临时性的组织,在一定的时间和费用预算内,通过科学的管理和组织,在指定的区域内,建设一个达到规

定质量标准的移动通信网络。现阶段通信工程技术中传输的特点是小型化、多功能、一体机。各特点间相互连理，互为基础，紧密相连。

移动通信工程的建设将成为更多通信网络的主导，将推动通信行业更好的发展。总体来说，传输技术应用于城域网、接入网、长途网。不同的方式有各自的应用特点，通过不同的传输手段完成各自的使命。但无论何种应用，通信工程信息传递的任务核心不变，传输技术作为完成可靠、快速传递信息的重要技术支持更显得尤为重要。

四、对传输技术发展的展望

近年来很多专家和学者致力于对通信工程中传输技术的研究，带动了这个行业的迅猛发展，也反映出传输技术作为一种通信工程的重要组成部分有很大的发展前景。无论这些科技上的进步还是精神上的鼓舞都使以后的传输技术的发展朝着更快、更稳、更明确的方向进步。站在技术的角度来看，很多学者认为，在未来十年最有发展前景的十大通信技术中，传输技术将从点对点通信到光联网转变的这个研究方向应被列入前列。由此可以进一步看出，传输技术作为迅速发展的通信行业的重要性之所在，其技术的深化和发展可以带动通信工程多个方面的研究。

作为通信工程的重要技术之一，传输技术应该得到更加迅猛的发展和进步。虽然随着时代的发展、科技的进步，有些新出现的技术难关还未被攻破，但通过现有的研究成果，传输技术的很多实际应用的难题已被克服，我们已经可以通过所了解的知识和现有的发展水平对以后的传输技术做出简单的展望。在今后的多个方面中通信工程的应用将再次被推广，而传输技术作为通信工程关键的技术将为社会的发展带来更大的推动作用。本书通过对通信工程中传输介质的常见分类及特点，初步了解传输介质的常见分类及特点，明白传输技术在通信工程中所起的重要作用及其今后的发展趋势。

参 考 文 献

[1] 李白咏 . 信息通信技术描绘美好智慧生活——2017 年中国国际信息通信展观感 [J]. 中国电信业，2017（10）.

[2] 易克初，李怡，孙晨华，等 . 卫星通信的近期发展与前景展望 [J]. 通信学报，2015（6）.

[3] 曹陈华 . 论通信技术与计算机技术融合发展 [J]. 通信世界，2017（4）.

[4] 苏天禹 . 通信技术与计算机技术融合浅谈 [J]. 中国新通信，2017（2）.

[5] 武一，周亚同，张雯，等 . 通信工程虚拟仿真实验教学中心构建及管理 [J]. 实验技术与管理，2017（5）.

[6] 周亚同，郝茜茜，王霞，等 . 通信工程专业实验室建设与探索 [J]. 实验技术与管理，2017（3）.

[7] 张一博，杨清，阳广涛 . 浅谈通信工程项目的质量管理 [J]. 南方农机，2017（3）.

[8] 张高毓，张建强 . 通信工程概预算编制软件"营改增"开发经验 [J]. 软件，2016（12）.

[9] 黄兰，张优里 . 基于工作过程的通信工程项目管理实训系统 [J]. 实验技术与管理，2015（2）.

[10] 刘紫燕，张达敏，陈静，等 . 本科教学审核评估促进通信工程专业建设探讨 [J]. 中国现代教育装备，2017（9）.

[11] 李岩山 . 面向工业 4.0 信息与通信工程交叉学科研究生培养模式研究 [J]. 科教文汇，2017（2）.

[12] 陈又圣，王健，管明祥 .《通信工程概预算》课程改革研究 [J]. 深圳信息职业技术学院学报，2016（4）.

[13] 刘婷婷，沈卫康，李小平，等 . 应用型本科通信工程专业在校生和毕业生调研结果分析与培养对策 [J]. 中国现代教育装备，2016（5）.

[14] 杨振东 .5G 移动通信技术的特点及应用探讨 [J]. 通信世界，2017（9）.

[15] 章曙光，孙巧云，汪敏，等 . 应用型通信工程本科专业实践教学改革与探索 [J]. 实验室研究与探索，2014（12）.

[16] 刘国欣 . 现代通信技术与现代生活 [J]. 中国新通信，2012（11）.

[17] 李益才 . 通信工程特色专业实践体系与实验室建设研究 [J]. 中国电力教育，2011（29）.

[18] 李松浓，胡晓锐，郑可，等 . 低压电力线载波通信信道衰减特性测量与分析 [J]. 电力系统保护与控制，2018（4）.

[19] 王天瑜 . 基于低压电力线通信系统传输地面数字电视广播信号可行性研究 [J]. 广播与电视技术，2018（2）.

[20] 胡纯 . 一种解决微弱信号在传输过程中受到电磁干扰的方法 [J]. 中小企业管理与科技，2018（1）.